丁其鹏　主编
王红霞　李燕萍　副主编

Python
数据挖掘、分析及可视化基础

世界图书出版公司
北京·广州·上海·西安

图书在版编目（CIP）数据

Python数据挖掘、分析及可视化基础 / 丁其鹏主编.
北京：世界图书出版有限公司北京分公司，2024.12（2025.10重印）
ISBN 978-7-5232-1651-4

Ⅰ．TP311.561

中国国家版本馆CIP数据核字第202496AE58号

书　　名	Python数据挖掘、分析及可视化基础 PYTHON SHUJU WAJUE、FENXI JI KESHIHUA JICHU
主　　编	丁其鹏
责任编辑	张绪瑞
出版发行	世界图书出版有限公司北京分公司
地　　址	北京市东城区朝内大街137号
邮　　编	100010
电　　话	010-64038355（发行）　64033507（总编室）
网　　址	http://www.wpcbj.com.cn
邮　　箱	wpcbjst@vip.163.com
销　　售	新华书店
印　　刷	北京建宏印刷有限公司
开　　本	787mm×1092mm　1/16
印　　张	16.25
字　　数	380千字
版　　次	2024年12月第1版
印　　次	2025年10月第4次印刷
国际书号	ISBN 978-7-5232-1651-4
定　　价	68.00元

版权所有　翻印必究
（如发现印装质量问题，请与本公司联系调换）

在当今信息爆炸的时代，数据已经成为了一种无形的财富。掌握数据挖掘、数据处理和分析的技能，对于各行各业的专业人士来说，都显得尤为重要。Python作为一种简洁、易学且功能强大的编程语言，在数据挖掘、数据处理和分析领域具有广泛的应用。

本书旨在为读者提供一套完整的Python学习路径，从基础语法、程序结构、函数使用，到复杂的数据类型处理，再到面向对象的编程思想，最后深入到数据挖掘、数据处理和分析的实战应用。本书内容分为三篇：Python基础、Python数据挖掘实战以及Python数据分析案例。

在上篇"Python基础"中，从Python的概述开始，介绍Python的历史、特点以及安装配置方法。随后，逐步深入Python的语法和程序结构，帮助读者掌握编写Python程序的基本技巧。接着，学习函数的使用，了解如何封装代码块以实现代码的复用。在数据类型方面，详细介绍列表、元组、字典和集合等组合数据类型的使用方法，并通过实例让读者掌握它们的添加、删除和修改操作。最后，引入面向对象编程的概念，为读者打开编程思维的新世界。

在中篇"Python数据挖掘实战"中，把理论知识应用到实际的数据挖掘项目中。首先，使用Python实现一个简单的网站搜索引擎，让读者了解搜索引擎的基本工作原理。接着，学习网络爬虫技术，包括静态网站爬虫和动态网站爬虫的构建方法。通过采集豆瓣读书网和当当网上的图书信息，读者将掌握如何编写网络爬虫程序，并从互联网上抓取所需的数据。最后，介绍网络爬虫框架Scrapy，帮助读者提高爬虫程序的编写效率。

下篇"Python数据分析案例"着重介绍了Python数据分析的具体案例。首先从NumPy这一基础的数据计算库入手，详细讲解了NumPy数组对象的创建、数据类型、数组运算、索引和切片等基础知识。这些内容是进行数据分析的基础，在NumPy的基础上，进一步介绍了强大的数据分析工具Pandas在数据分析中的应用。最后，介绍了数据可视化的实现。

本书旨在为读者提供一份系统、全面的Python基础入门指南，帮助读者从零开始学习Python，逐步掌握Python的核心知识和基本技能。希望本书能成为读者学习Python编程和数据挖掘、分析和处理的良师益友，引领你走进Python编程的广阔天地。

目录 contents

上篇　Python基础 / 001

第1章　Python概述 002
- 1.1　认识Python 002
- 1.2　安装Python开发环境 003
- 1.3　Python基本数据类型 017
- 1.4　Python语法基础 029

第2章　程序结构 035
- 2.1　选择结构 035
- 2.2　循环结构 039
- 2.3　跳转语句 043

第3章　函数 045
- 3.1　函数的定义和调用 045
- 3.2　函数参数的传递 046
- 3.3　内置函数 048

第4章　组合数据类型 052
- 4.1　列表 052
- 4.2　元组 061
- 4.3　字典 066
- 4.4　集合 072

第5章　面向对象编程基础 080
- 5.1　面向对象 080
- 5.2　类与对象 081
- 5.3　构造方法与析构方法 084
- 5.4　类方法和静态方法 086
- 5.5　继承和多态 088

中篇　Python数据挖掘实战 / 091

第6章　Python实现一个网站的简单搜索引擎 ……………………………… 092
- 6.1　项目准备 …………………………………………………………………… 092
- 6.2　编写视图函数 ……………………………………………………………… 095
- 6.3　设计模板文件 ……………………………………………………………… 097
- 6.4　配置访问路由 ……………………………………………………………… 098
- 6.5　功能演示 …………………………………………………………………… 098

第7章　Python网络爬虫 ……………………………………………………… 100
- 7.1　静态网站爬虫——采集豆瓣读书网图书信息 …………………………… 100
- 7.2　动态网站爬虫——采集当当网上图书信息 ……………………………… 108
- 7.3　网络爬虫框架Scrapy ……………………………………………………… 116

下篇　Python数据分析案例 / 127

第8章　使用NumPy进行数据计算 …………………………………………… 128
- 8.1　NumPy数组对象 …………………………………………………………… 128
- 8.2　创建NumPy数组 …………………………………………………………… 129
- 8.3　ndarray对象的数据类型 …………………………………………………… 131
- 8.4　数组运算 …………………………………………………………………… 133
- 8.5　ndarray的索引和切片 ……………………………………………………… 135
- 8.6　数组的转置和轴对称 ……………………………………………………… 138
- 8.7　NumPy通用函数 …………………………………………………………… 141
- 8.8　利用NumPy数组进行数据处理 …………………………………………… 143
- 8.9　随机数模块 ………………………………………………………………… 147
- 8.10　案例——骰子游戏 ……………………………………………………… 148

第9章　使用Pandas进行数据分析 …………………………………………… 151
- 9.1　Pandas的数据结构介绍 …………………………………………………… 151
- 9.2　Pandas索引操作 …………………………………………………………… 157
- 9.3　算术运算与数据对齐 ……………………………………………………… 164
- 9.4　数据排序 …………………………………………………………………… 166
- 9.5　统计计算与描述 …………………………………………………………… 169
- 9.6　层次化索引 ………………………………………………………………… 172
- 9.7　读写数据操作 ……………………………………………………………… 184
- 9.8　案例——北京和上海近10年房屋销售情况统计分析 …………………… 197

第10章 数据可视化 203
- 10.1 数据可视化工具 203
- 10.2 Matplotlib库绘制图表 205
- 10.3 使用seaborn绘制统计图形 224
- 10.4 Bokeh——交互式可视化库 241
- 10.5 案例——画图分析链家网站上北京租房信息 244

参考文献 252

上篇
Python基础

第1章 Python 概述
第2章 程序结构
第3章 函数
第4章 组合数据类型
第5章 面向对象编程基础

第1章　Python概述

知识要点：

了解Python语言的发展历程、Python语言的特点。

熟悉Python开发环境的安装、配置及简单使用。

了解Python基本数字类型。

掌握数字类型的转换函数。

掌握字符串的格式化输出及常见操作。

掌握注释的使用、变量的意义和Python的基本输入/输出。

熟练使用运算符。

Python由荷兰数学和计算机科学研究学会的吉多·范罗苏姆（Guido von Rossum）于1990年代初设计，作为一门叫做ABC语言的替代品。Python提供了高效的高级数据结构，还能简单有效地面向对象编程。Python语法和动态类型，以及解释型语言的本质，使它成为多数平台上写脚本和快速开发应用的编程语言，随着版本的不断更新和语言新功能的添加，逐渐被用于独立的、大型项目的开发。

1.1　认识Python

1.1.1　Python语言的发展历程

Python是一种面向对象的解释型计算机程序设计语言，由荷兰人吉多·范罗苏姆于1989年发明。1989年圣诞节期间，在阿姆斯特丹，Guido为了打发圣诞节的无趣，决心开发一个新的脚本解释程序，作为ABC语言的一种继承。

ABC是由Guido参与设计的一种教学语言。就Guido本人看来，ABC这种语言非常优美和强大，是专门为非专业程序员设计的。但是ABC语言并没有成功，究其原因，Guido认为是其非开放造成的。Guido决心在Python中避免这一错误。同时，他还想实现在ABC中闪现过但未曾实现的东西。

1991年，第一个Python编译器（同时也是解释器）诞生。它是用C语言实现的，并能够调用C库（.so文件）。从一出生，Python已经具有了类（class）、函数（function）、异常处理（exception），包括表（list）和词典（dictionary）在内的核心数据类型，以及模块（module）为基础的拓展系统。最初的Python完全由Guido本人开发。Python得到Guido同事的欢迎。他们迅速反馈使用意见，并参与到Python的改进。Guido和一些同事构成Python的核心团队。

Python在不断发展和完善，也变得越来越普及。

1.1.2 Python语言特点

Python是一种面向对象的编程语言。Python既支持面向过程的编程也支持面向对象的编程。在"面向过程"的语言中，程序是由过程或仅仅是可重用代码的函数构建起来的。在"面向对象"的语言中，程序是由数据和功能组合而成的对象构建起来的。Python是完全面向对象的语言。函数、模块、数字、字符串都是对象。并且完全支持继承、重载、派生、多继承，有益于增强源代码的复用性。Python支持重载运算符和动态类型。相对于Lisp这种传统的函数式编程语言，Python对函数式设计只提供了有限的支持。有两个标准库（functools，itertools）提供了Haskell和Standard ML中久经考验的函数式程序设计工具。

Python是一种扩充性强大的编程语言。它具有丰富和强大的库，能够把使用其他语言制作的各种模块（尤其是C/C++）很轻松地联结在一起。所以Python常被称为"胶水"语言。

Python是一门先编译后解释的语言，不是纯粹的解释性语言。其实Python和Java/C#一样，是一门基于虚拟机的语言，当我们在命令行中输入python hello.py时，其实是激活了Python的"解释器"，告诉"解释器"：你要开始工作了。但在解释之前要做的事情是先编译，编译就是有一个负责翻译的程序来对我们的源代码进行转换，生成相对应的可执行代码，这个过程就称为编译（compiler）。

Python是一门动态语言，是指在运行期间才去做数据类型检查的语言。也就是说，在用动态类型的语言编程时，永远也不用给任何变量指定数据类型，该语言会在你第一次赋值给变量时，在内部将数据类型随时记录下来。

Python是一门强类型定义语言，即强制数据类型定义的语言。也就是说，一旦一个变量被指定了某个数据类型，如果不经过强制转换，那么它就永远是这个数据类型了。举个例子，如果你定义了一个整型变量a，那么程序根本不可能将a当作字符串类型处理。强类型定义语言是类型安全的语言。

Python是一种免费开源的语言。Python是FLOSS（自由/开放源码软件）之一。使用者可以自由地发布这个软件的拷贝、阅读它的源代码、对它做改动、把它的一部分用于新的自由软件中。FLOSS是基于一个团体分享知识的概念。

Python是一种可移植性语言。由于它的开源本质，Python已经被移植在许多平台上（经过改动使它能够工作在不同平台上）。这些平台包括Linux、Windows、FreeBSD、Macintosh、Solaris、OS/2、Amiga、AROS、AS/400、BeOS、OS/390、z/OS、Palm OS、QNX、VMS、Psion、Acom RISC OS、VxWorks、PlayStation、Sharp Zaurus、Windows CE、PocketPC、Symbian以及Google基于Linux开发的Android平台。

1.2 安装Python开发环境

1.2.1 Python的安装

Python官方网站中可以下载Python解释器安装包用以搭建Python开发环境。下面以Windows系统为例演示Python的下载和安装过程。具体操作步骤如下：

①打开Python官网https://www.python.org/，把鼠标移动到Downloads处，然后点击Windows，如图1-1所示。

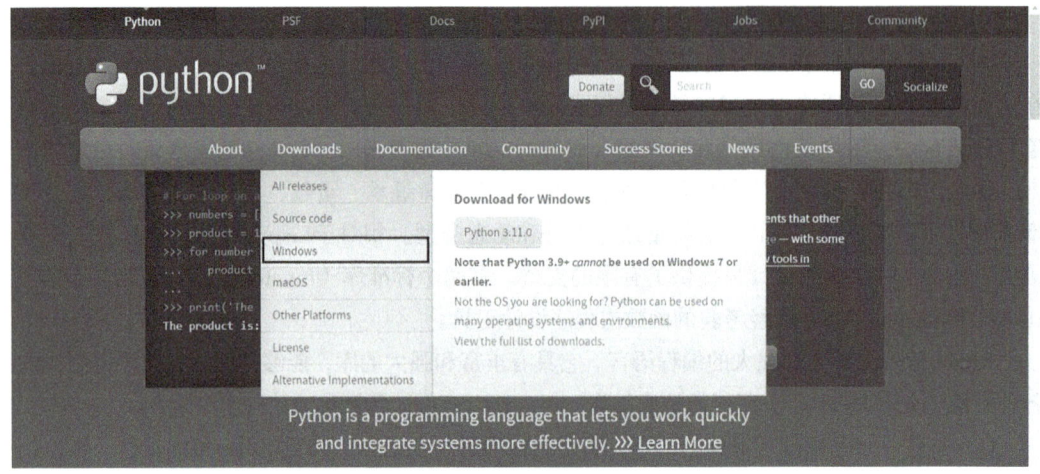

图1-1　Python官网首页

②点击Windows后，页面跳转到Python下载页，下载页面中有各种版本的安装包，可以根据自己的需求选择相应的版本。图1-2选择的是Python3.11.0版本64位离线安装包。

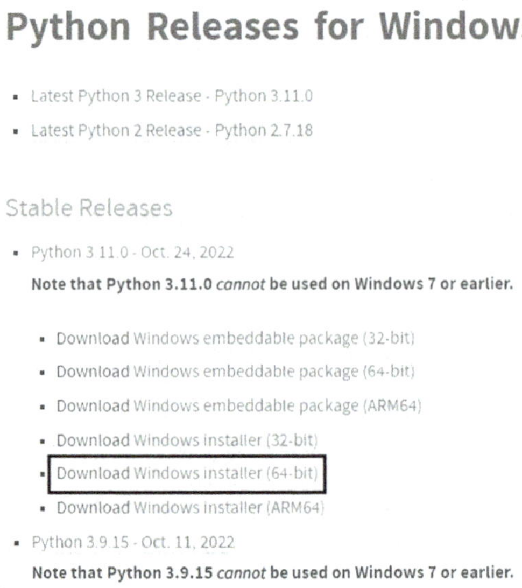

图1-2　Python下载列表

③选择下载64位离线安装包，下载成功后，双击python-3.11.0-amd64.exe开始安装。在Python3.11.0安装界面中提供默认安装与自定义安装两种方式。具体如图1-3所示。注意这里勾选上安装界面下方的Add Python.exe to PATH复选框。

图1-3 Python安装界面

④选择自定义方式进行安装，可以根据需求有选择地进行安装。单击Customize installation，进入设置可选功能界面，如图1-4所示。

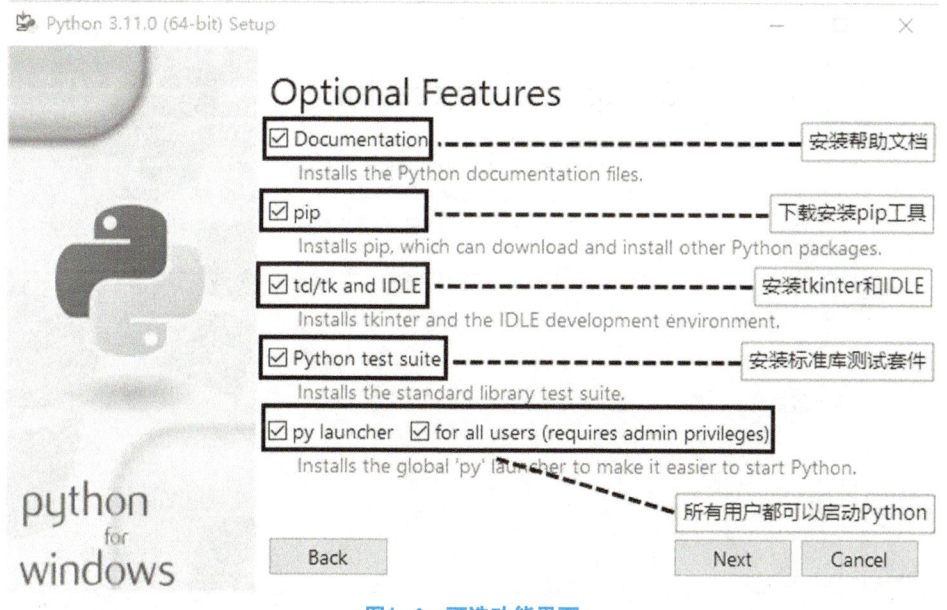

图1-4 可选功能界面

⑤保持默认配置，单击Next按钮进入设置高级选项的界面，用户在该界面中依然可以根据自身需求勾选功能，并设置Python安装路径，如图1-5所示。

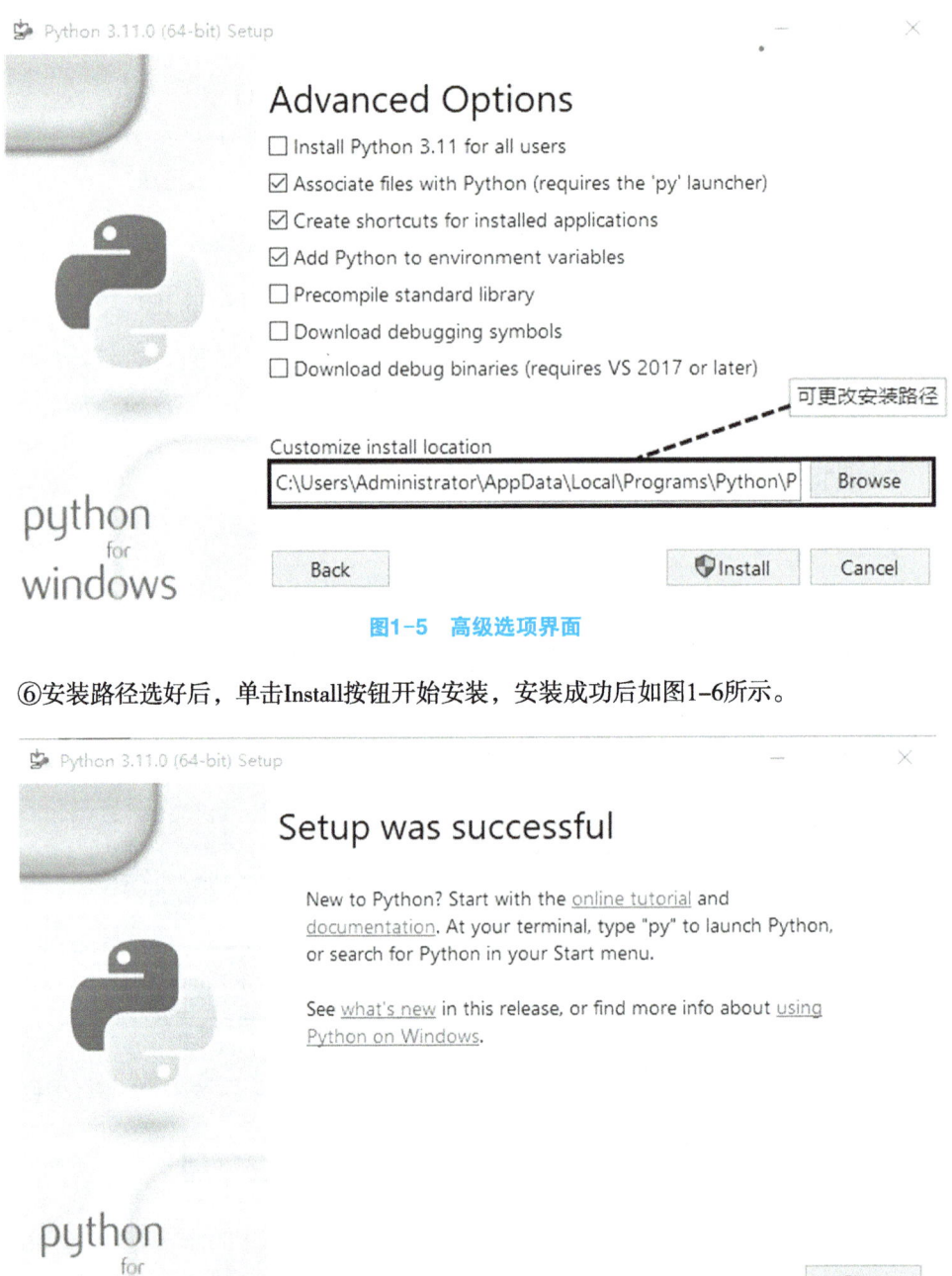

图1-5 高级选项界面

⑥安装路径选好后,单击Install按钮开始安装,安装成功后如图1-6所示。

图1-6 安装成功界面

⑦至此,Python3.11.0安装完成,下面使用Windows系统中的命令提示符检测Python3.11.0是否安装成功。

在Windows系统中打开命令提示符,在命令提示符窗口中输入python后,如果可以显示Python的版本信息,表明安装成功,如图1-7所示。

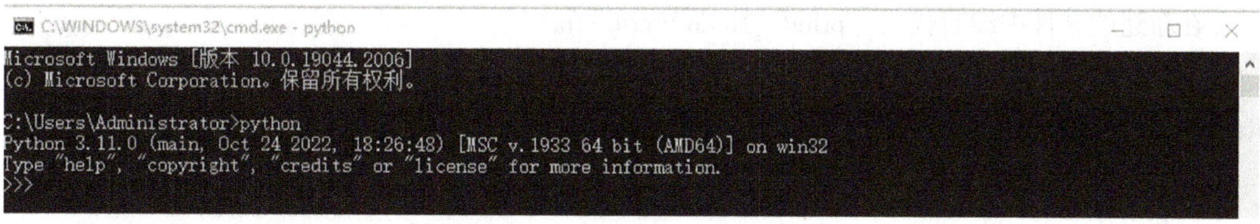

图1-7 显示Python版本信息

1.2.2 IDLE的使用

上一小节Python的安装过程中默认自动安装了IDLE（Integrated Development and Learning Environment），它是Python自带的集成开发环境。下面以Windows 10系统为例介绍如何使用Python自带的集成开发环境编写Python代码。

在Windows系统开始菜单的搜索栏中输入IDLE，然后单击IDLE(Python 3.11 64-bit)进入IDLE界面，具体如图1-8所示。

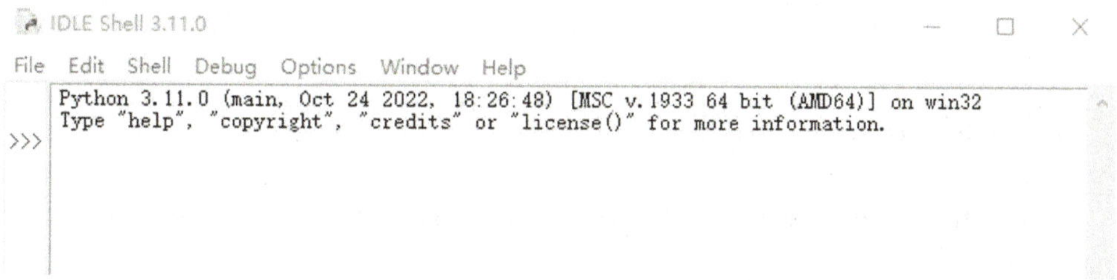

图1-8 IDLE界面

图1-8所示为一个交互式的Shell界面，可以在Shell界面中直接编写Python代码。例如，使用内置的print()函数输出"Hello World"，如图1-9所示。

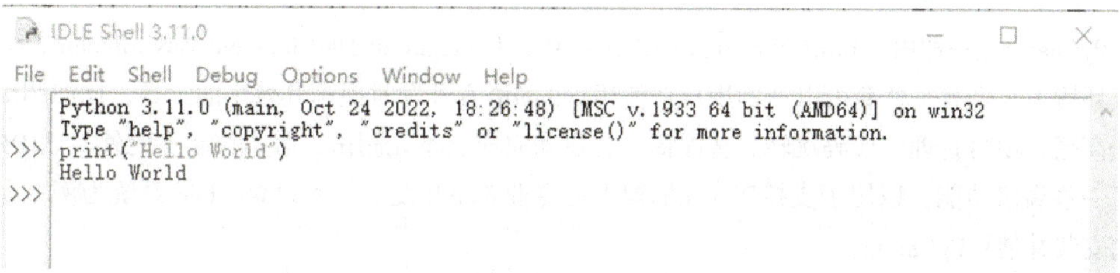

图1-9 在IDLE中编写Hello World程序

IDLE除了支持交互式编写代码，还支持文件式编写代码。在交互式窗口中选择File→New File命令，创建并打开一个新的界面，如图1-10所示。

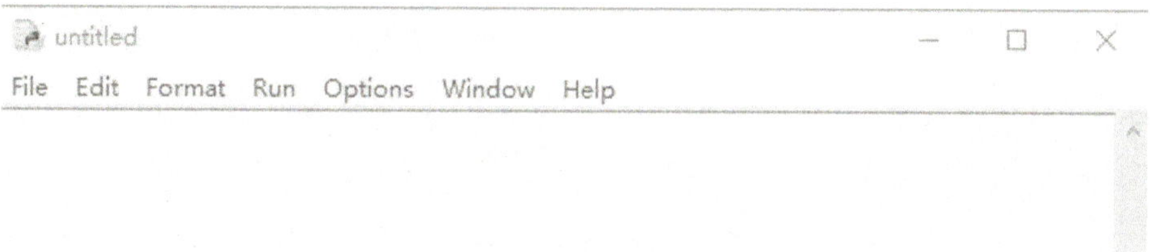

图1-10 交互式窗口

在新建的文件中编写代码：print("Hello World")。

编写完成之后，选择File→Save As命令将文件命名为test_app并保存。之后在窗口中选择Run→Run Moudle命令运行代码，如图1-11所示。

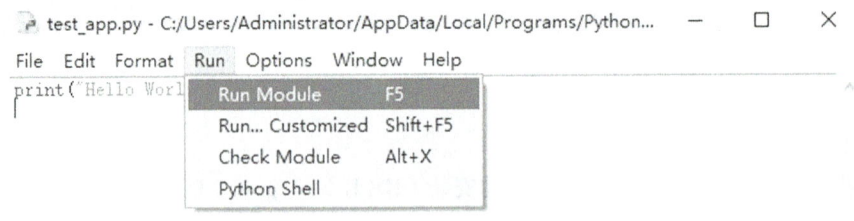

图1-11　运行文件代码

当选择Run Moudle命令后，Python Shell窗口中显示了运行结果，如图1-12所示。

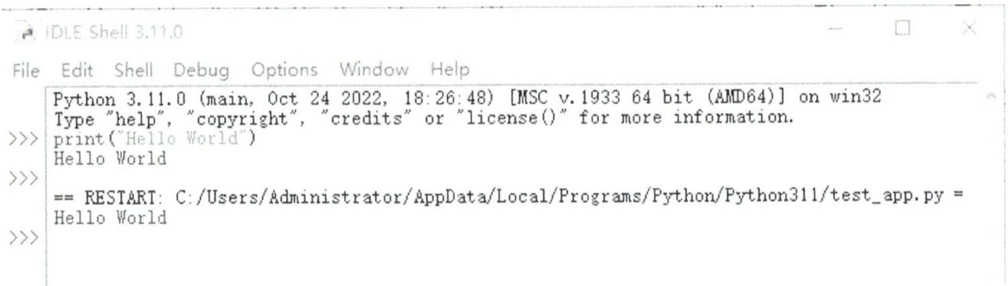

图1-12　显示运行结果

1.2.3　集成开发环境PyCharm的安装与使用

PyCharm是一种由Jetbrain公司开发的Python IDE（Integrated Development Environment，集成开发环境），带有一整套可以帮助用户在使用Python语言开发时提高其效率的工具，比如调试、语法高亮、项目管理、代码跳转、智能提示、自动完成、单元测试、版本控制。此外，该IDE提供了一些高级功能，以用于支持Django框架下的专业Web开发。下面以Windows系统为例，介绍如何安装并使用PyCharm。

（1）PyCharm的安装

通过PyCharm的官网https://www.jetbrains.com/pycharm/download/进入下载页面，如图1-13所示。

第1章　Python概述　　009

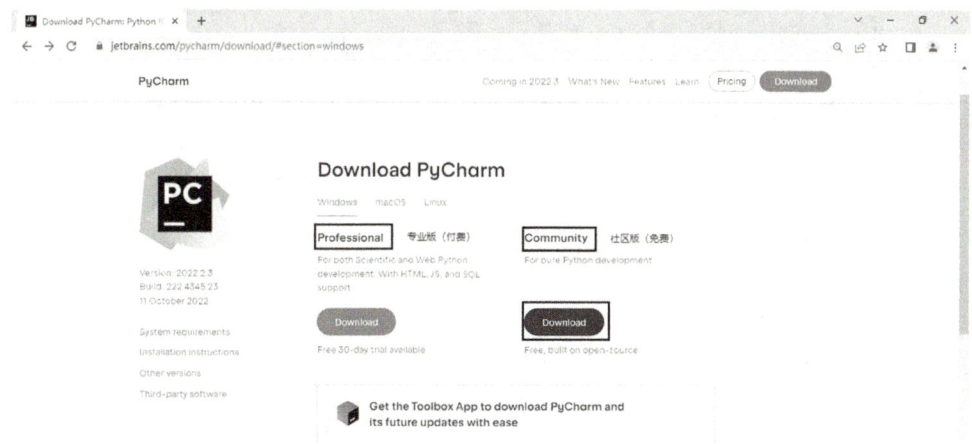

图1-13　PyCharm官网首页

图1-13中的Professional和Community是PyCharm的两个版本，这里我们点击Community下方的Download按钮下载PyCharm安装包，下载成功后，双击安装包pycharm-community-2022.2.3.exe弹出欢迎界面，如图1-14所示。

图1-14　PyCharm 安装界面

点击Next按钮进入PyCharm选择安装路径界面，如图1-15所示。

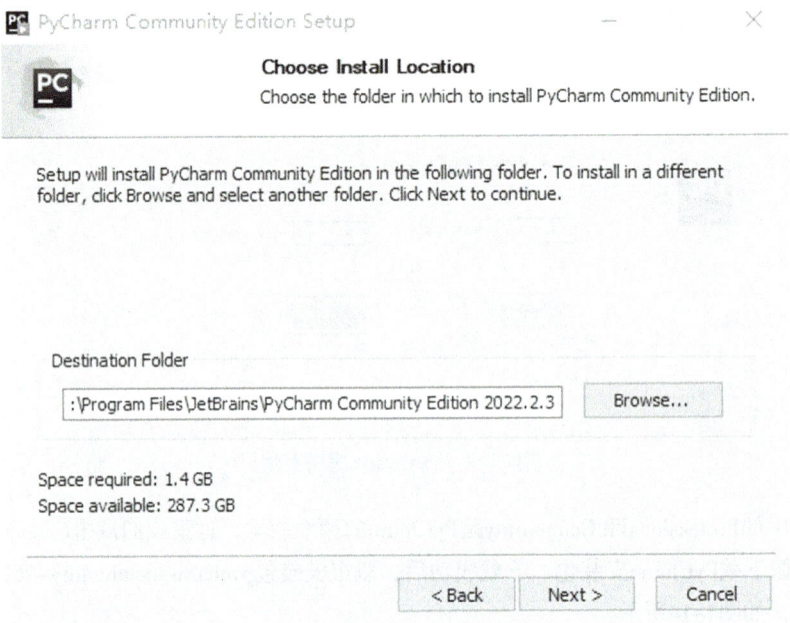

图1-15　选择安装路径界面

在图1-15中可以通过点击Browse按钮选择PyCharm的安装位置，确定好安装位置后，点击Next按钮进入安装选项界面。在该界面中用户可以根据需求勾选相应功能，如图1-16所示。

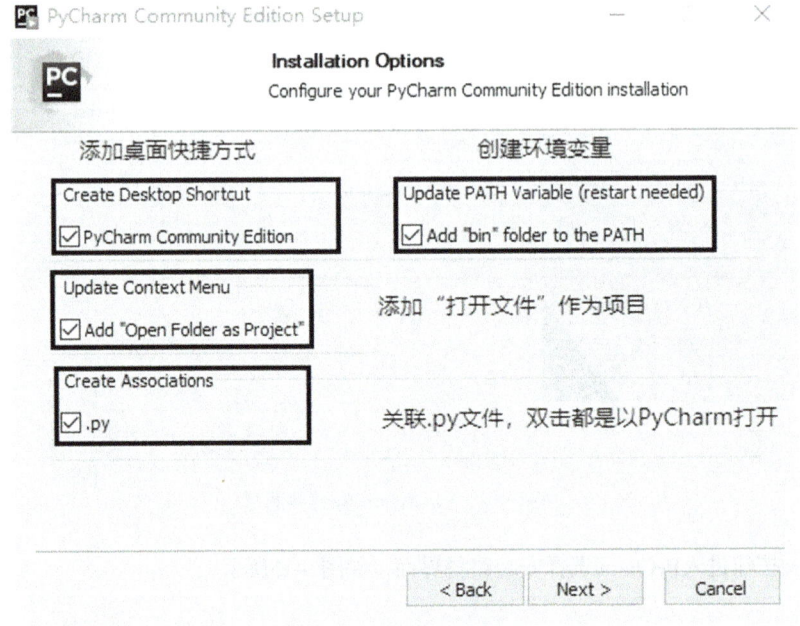

图1-16　安装选项界面

勾选完相应功能后，点击Next按钮进入选择开始菜单文件夹界面，该界面中保持默认配置，具体如图1-17所示。

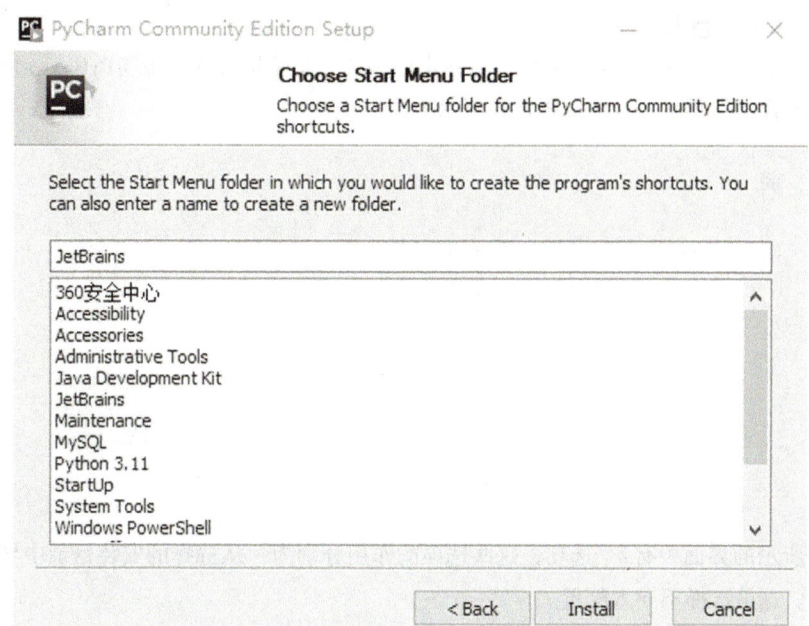

图1-17 选择开始菜单文件夹界面

单击图1-17中的Install按钮后,PyCharm会进行安装,安装完成后会提示Completing PyCharm Community Edition Setup信息,如图1-18所示。

图1-18 安装完成界面

点击Finish按钮结束PyCharm安装。

（2）PyCharm的使用

按照上述步骤安装完成PyCharm后，会在桌面添加一个快捷方式，双击PyCharm快捷方式图标进入导入配置文件界面，具体如图1-19所示。

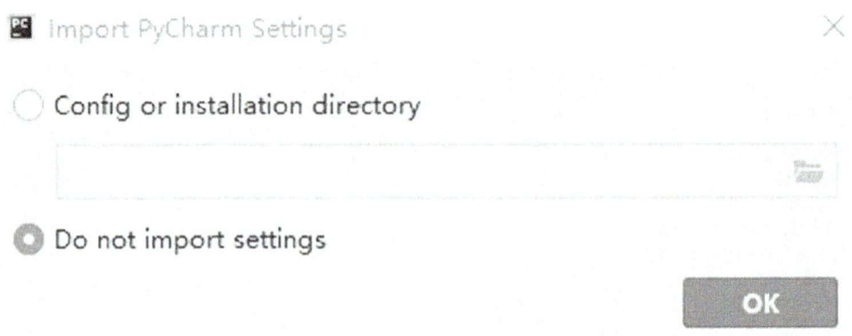

图1-19　导入配置文件界面

图1-19所示的界面中有2个选项，这些选项的作用分别为：从选择的安装目录中导入配置、不导入配置。这里选择不导入配置。

单击OK按钮进入PyCharm欢迎界面，在该页面的左侧有四个功能模块，即Projects、Customize、Plugins、Learn PyCharm，如图1-20所示。

Projects工程相关选项如下。

- New Project：新建一个Python项目。
- Open：打开存放在本地磁盘的Python项目。
- Get from VCS：从代码托管平台或者你自己的服务器上获取项目文件，比如 GitHub、git、svn。

Customize则是对 PyCharm 进行一些基本设置。

- Color theme：设置 PyCharm 的主题。
- Accessibility：设置 PyCharm 的字体大小。
- Keymap：设置 PyCharm 的键盘映射。

Plugins管理 PyCharm 上面的插件，可以在线搜索下载安装插件，也可以导入本地的插件文件进行安装。

Learn PyCharm是PyCharm学习模块，如果是第一次接触PyCharm，那么可以通过这个PyCharm学习模块快速地学习上手PyCharm。

图1-20　PyCharm欢迎界面

单击图1-20中Projects模块中的New Projects按钮进入新建Python项目界面，在该界面中可以设置工程路径和修改工程名称，还可以设置Python解释器使用的虚拟环境，如图1-21所示。

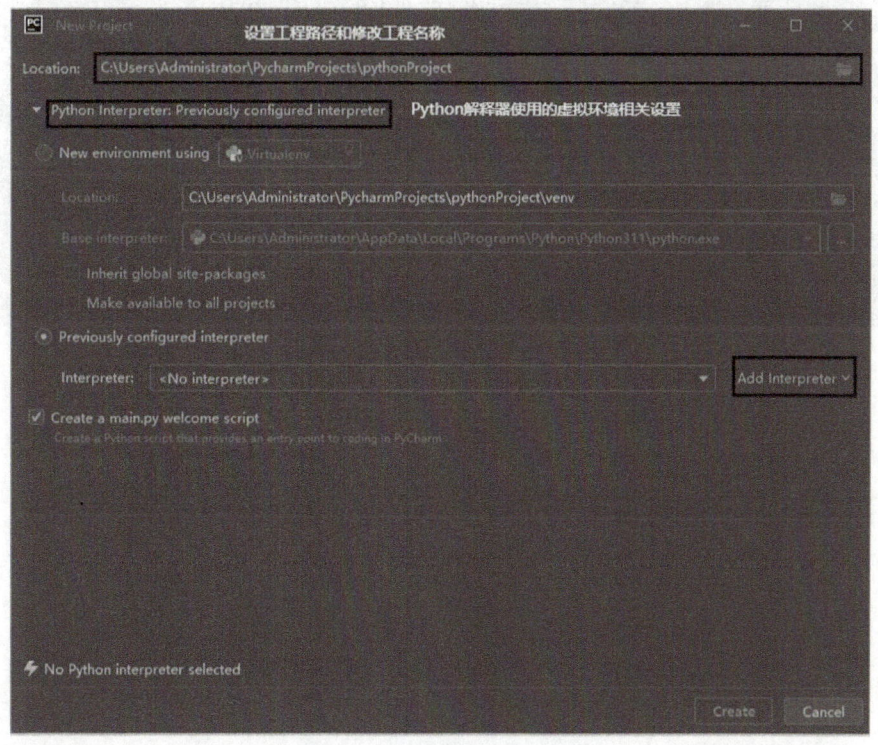

图1-21　新建Python项目界面

在图1-21设置Python解释器使用的虚拟环境时，New environment using和Previously configured interpreter两者的区别在于前者新建的项目所依赖的第三方模块会放在选择Virtualenv后新增的venv文件夹中，这里存放着一个虚拟的Python环境，可以直接脱离系统安装的Python独立运行。同时在New environment using中，虚拟环境会自带一些包，但是包的数量少，所以可以选择Inherit global site-packages进行导入Base interpreter对应的解释器中已安装的包。

而Previously configured interpreter选择的新建项目所依赖的第三方模块是存放在本地系统环境中的，如果第三方模块的版本改变，项目也会受到影响。选择自己安装的Python所在的路径即可。

在这里我们选择New environment using进行创建即可。这也是目前比较流行的Python虚拟环境配置工具，它不仅同时支持Python 2和Python 3，而且可以为每个虚拟环境指定Python解释器，并选择不继承基础版本的包。

点击图1-21的Add Interpreter进入Add Python Interpreter界面，如图1-22所示。选择 System interpreter 系统解释器选项，选择我们之前刚刚安装好的Python开发环境，找到python.exe，并选中它。然后点击OK按钮回到新建工程界面，如图1-23所示。

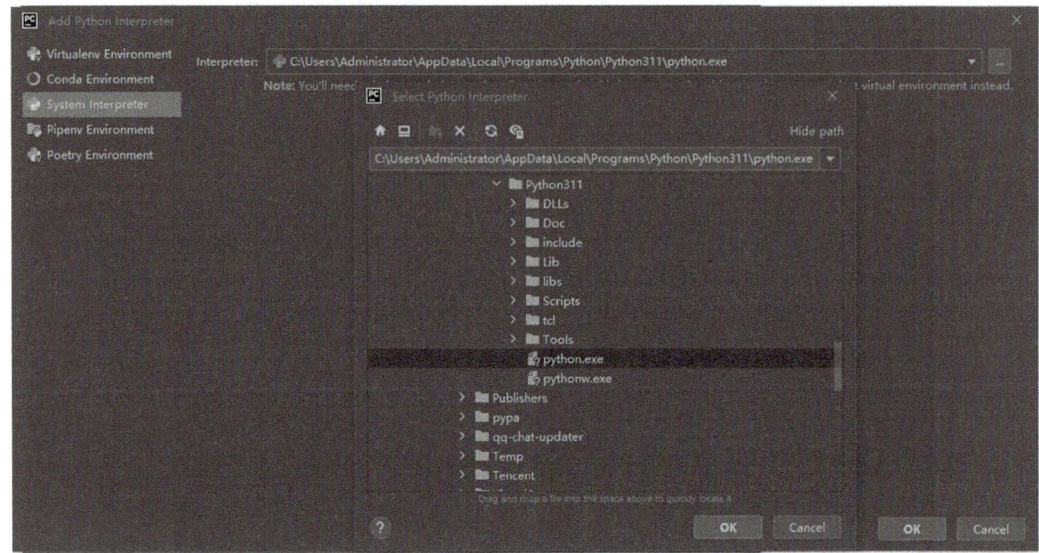

图1-22　选择添加已安装Python

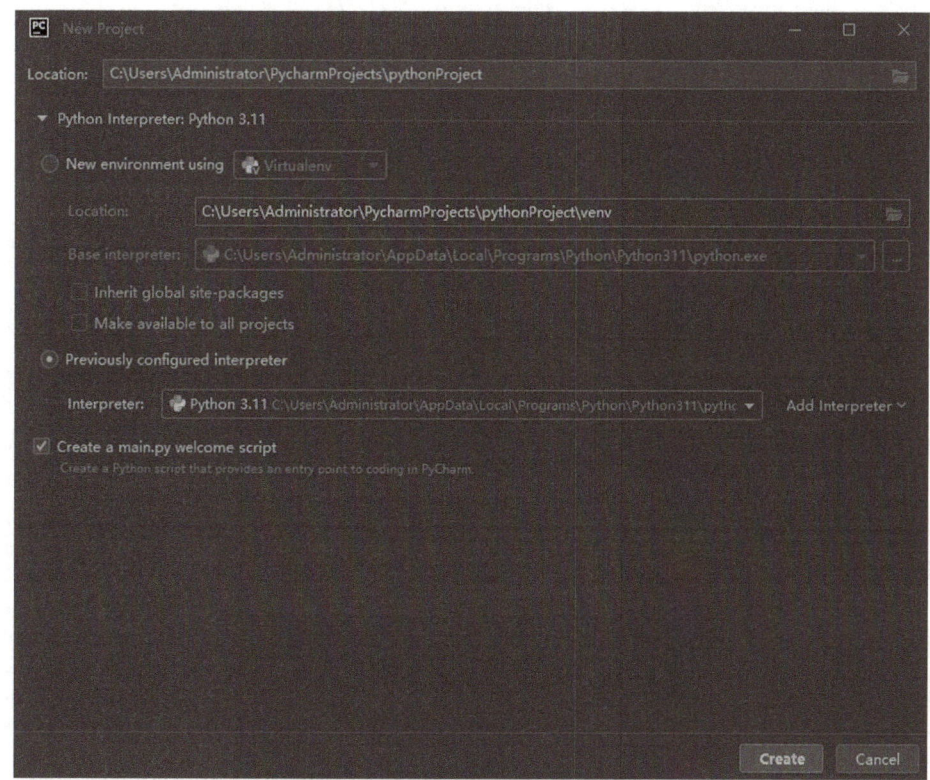

图1-23 配置好的新建Python项目界面

单击图1-23中的Create按钮完成工程创建。如图1-24所示。

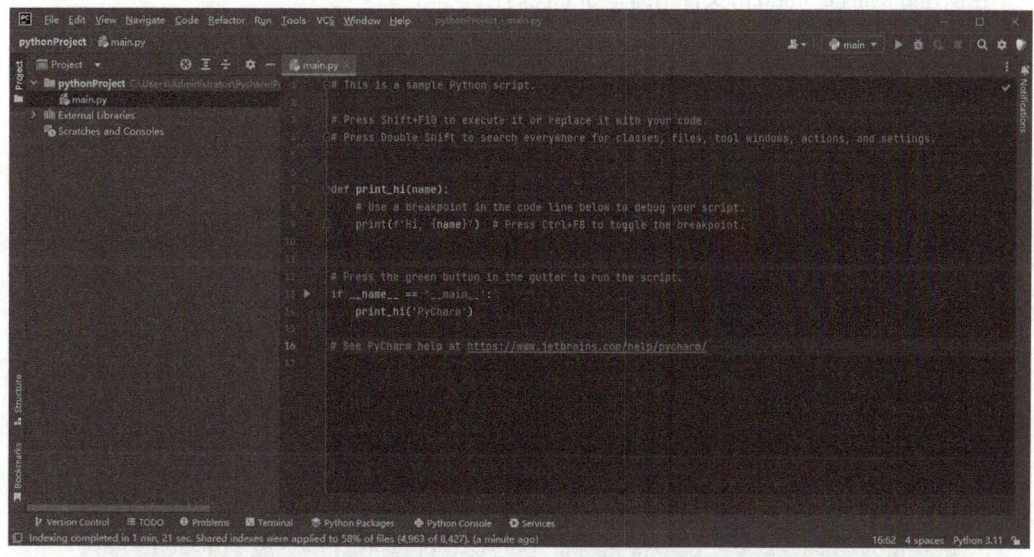

图1-24 Python工程界面

项目创建完成后，便可以在项目中创建一个py文件。具体操作为：右击项目名称pythonProject，选择New→Python File命令。如图1-25所示。

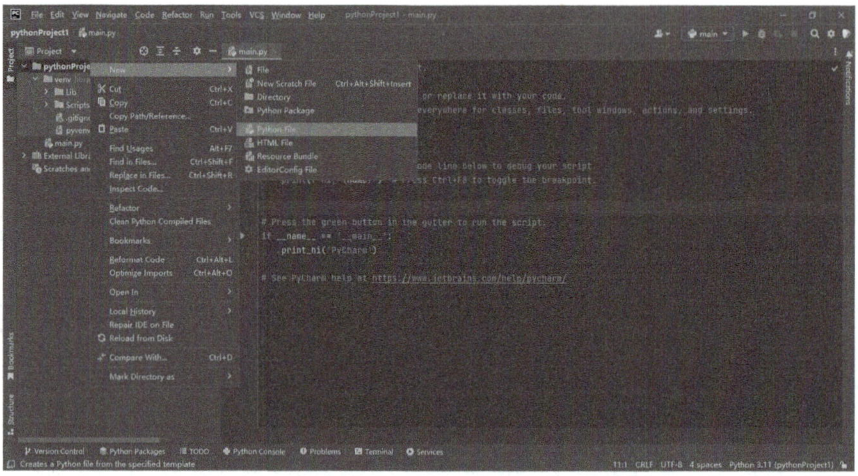

图1-25 创建Python文件

将新建的Python文件命名为hello_world，使用默认文件类型Python file，如图1-26所示。

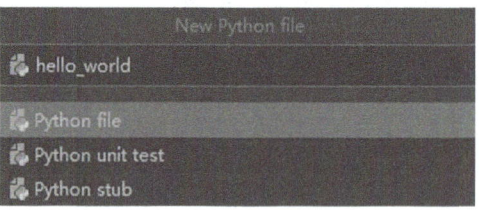

图1-26 为Python文件命名

在创建好的hello_world.py文件中编写如下代码：

```
print("hello world")
```

编写好的hello_world.py文件如图1-27所示。

图1-27 在PyCharm中编写代码

在图1-27所示界面的菜单栏中选择Run→Run'hello_world'命令运行hello_world.py文件(也可以在编辑区中右击选择Run'hello_world'来运行文件)，如图1-28所示。

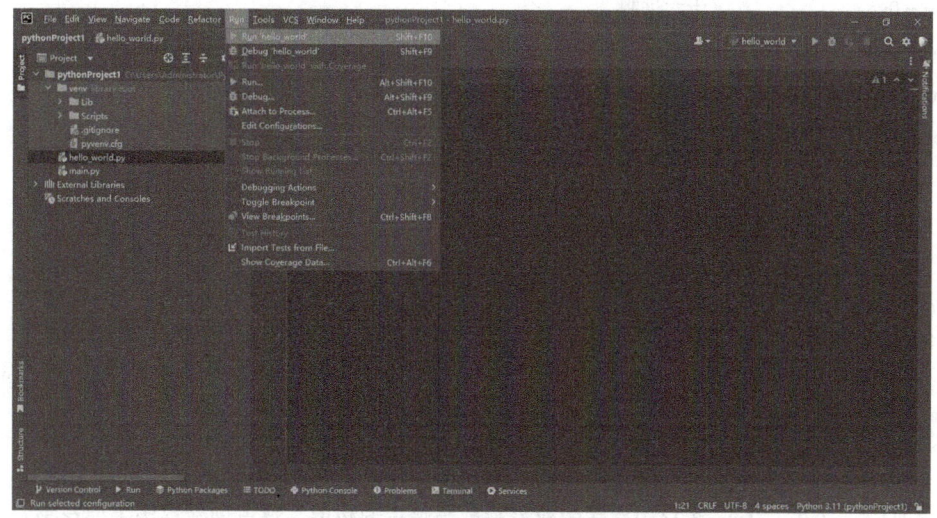

图1-28　运行程序

程序运行结果会在PyCharm结果输出区进行显示，如图1-29所示。

图1-29　程序运行结果

1.3　Python基本数据类型

数字类型和字符串是Python程序中基本的数据类型，其中数字类型分为整型、浮点型、复数类型、布尔类型，可通过运算符进行各种数学运算。本节将讲解数字类型、字符串和运算符，并借助于具体实例演示它们的使用方法。

1.3.1　数字类型

表示数字或数值的数据类型称为数字类型。Python 内置的数字类型有整型(int)、浮点型(float)、复数类型(complex)，它们分别对应数学中的整数、小数和复数，此外，还有一种比较特殊的整型——布尔类型(bool)。下面针对Python中的这4种数字类型分别进行讲解。

（1）整型

类似-2、-1、0、1、2这样的数据称为整型数据(简称整数)。在Python中可以使用4种进制表示整型，分别为二进制(以"0B"或"0b"开头)、八进制(以"0o"或"0O"开头)、十进制(默认表示方式)和十六进制(以"0x"或"0X"开头)。例如，使用二进制、八进制和十六进制表示十进制的整数10并将数值输出的示例代码具体如下：

```
num_0b = 0b1010          # 二进制
num_0o = 0o12            # 八进制
num_0x = 0xA             # 十六进制
print(num_0b)
print(num_0o)
print(num_0x)
```

上述代码运行后的结果如下：

```
10
10
10
```

（2）浮点型

类似1.5、 0.2、–1.3、3.14e2这样的数据被称为浮点型数据。浮点型数据用于保存带有小数点的数值，Python 的浮点数一般以十进制形式表示，对于较大或较小的浮点数，可以使用科学计数法表示。例如：

```
num_one = 3.14           # 十进制形式表示
num_two = 2e2            # 科学计数法表示（200.0，e表示底数10）
num_three = 2e-2         # 科学计数法表示（0.02，e表示底数10）
print(num_one)
print(num_two)
print(num_three)
```

上述代码运行后的结果如下：

```
3.14
200.0
0.02
```

（3）复数类型

类似3+2j、3.1+4.9j、–2.3–1.9j 这样的数据被称为复数，Python 中的复数有以下3个特点：
①复数由实部和虚部构成，其一般形式为real+imagj。
②实部real和虚部的imag都是浮点型。
③虚部必须有后缀j或J。

在Python中有两种创建复数的方式:一种是按照复数的一般形式直接创建;另一种是通过内置函数complex()创建。例如：

```
num_one = 3+2j              #按照复数格式使用赋值运算符直接创建
num_two = complex(3,2)      #使用内置函数complex()函数创建
print(num_one)
print(num_two)
```

上述代码运行后的结果如下:

```
(3+2j)
(3+2j)
```

（4）布尔类型

Python中的布尔类型（bool）只有两个取值: True和False。实际上布尔类型是一种特殊的整型，其中True对应的整数为1，False对应的整数为0。Python中的任何对象都可以转换为布尔类型，若要进行转换，符合以下条件的数据都会被转换为False。

①None；
②任何为0的数字类型，如0、0.0、0j；
③任何空序列，如" "、()、[]；
④任何空字典，如{}；
⑤用户定义的类实例，如类中定义了__bool__()或者__len__()。

除以上对象外，其他的对象都会被转换为True。

可以使用bool()函数检测对象的布尔值。例如:

```
print(bool(None))
print(bool(0))
print(bool([]))
print(bool(2))
```

上述代码运行后的结果如下:

```
False
False
False
True
```

1.3.2 类型转换函数

Python内置了一系列可实现强制类型转换的函数，保证用户在有需求的情况下，将目标数据转换为指定的类型。关于这些函数的功能说明如表1-1所示。

表1-1 类型转换函数的功能说明

函数	说明
int()	将浮点型、布尔型和符合数值类型规范的字符串转换为整型
float()	将整型和符合数值类型规范的字符串转换为浮点型
str()	将数值类型转换为字符串

在使用类型转换函数时有两点需要注意：
①int()函数、float()函数只能转换符合数字类型格式规范的字符串；
②使用int()函数将浮点数转换为整数时，若有必要会发生截断（取整）而非四舍五入；
③类型转换函数，不会改变原有数据的类型，会产生一个新的数据。
（1）int()转换为整型示例

```
# 1.将浮点数转换为int类型
num1 = 1.67
num2 = int(num1)
print(num2,type(num2))
print(num1,type(num1))


# 2.将bool类型转换为int类型
#True->1  False->0
num3 = int(True)
num4 = int(False)
print(num3,type(num3))
print(num4,type(num4))


# 3.将整数类型的字符串转换为int类型
int_str = '10'
print(int_str,type(int_str))
num5 = int(int_str)
print(num5,type(num5))
```

运行结果如下：

1 <class 'int'>
1.67 <class 'float'>
1 <class 'int'>
0 <class 'int'>

10 <class 'str'>
10 <class 'int'>

（2）float() 转换为浮点型示例

```
# 1.将整型转换为float类型
num1 = float(10)
print(num1,type(num1))

# 2.将数字类型的字符串转换为浮点型
num2 = float('123')
print(num2,type(num2))
num3 = float('1.23')
print(num3,type(num3))
```

运行结果如下：

10.0 <class 'float'>
123.0 <class 'float'>
1.23 <class 'float'>

（3）str() 将其他类型转换为字符串类型实例

```
# 1.将整型转换为字符串类型
str1 = str(10)
print(str1,type(str1))

# 2.将浮点型转换为字符串类型
str2 = str(1.23)
print(str2,type(str2))

# 3.将布尔类型转换为字符串类型
str3 = str(True)
print(str3,type(str3))
```

运行结果如下：

10 <class 'str'>

1.23 <class 'str'>
True <class 'str'>

1.3.3 字符串

字符串是一种Python常用的数据类型，它是一个连续的字符序列，Python中的字符串是不可变的，字符串一旦创建便不可修改。

（1）字符串的定义

Python中的字符串可以用单引号、双引号、三引号定义，区别是单引号和双引号用来定义单行字符串，三引号用来定义多行字符串。

定义单行字符串示例：

```
single_str = 'hello python'      #使用单引号定义字符串
double_str = "hello python"      #使用双引号定义字符串
```

定义多行字符串示例：

```
three_str = """hello python
    hello python"""              #使用三引号定义字符串
```

定义字符串时单引号和双引号可以嵌套使用，需要注意的是，使用双引号表示的字符串中允许嵌套单引号，不允许嵌套双引号，使用单引号表示的字符串中允许嵌套双引号，不允许嵌套单引号。

（2）字符串格式化输出

Python的字符串可通过占位符%、format()方法和f-strings三种方式实现格式化输出，下面对这三种方式进行介绍。

①占位符%

利用占位符%对字符串进行格式化，是一种比较原始的格式化方法，会使用一个带有格式符的字符串作为真实值的预留位置。例如：

```
name = '李磊'
print('你好，我叫%s' %name)
```

运行结果：

你好，我叫李磊

此外，一个字符串中同时可以含有多个占位符。例如：

```
name = '李磊'
age = 20
print('你好，我叫%s，今年%d岁了' %(name,age))
```

运行结果：

你好，我叫李磊，今年20岁了

不同的占位符为不同的变量预留位置，常见的占位符如表1-2所示。

表1-2　常见占位符

符号	说明	符号	说明
%s	字符串	%X	十六进制整数（A~F大写）
%d	十进制整数	%e	指数（底写为e）
%o	八进制整数	%f	浮点数
%x	十六进制整数（a~f小写）		

②format()方法

format()方法同样可以对字符串进行格式化输出，使用format()方法不需要关注变量的类型。

format()方法的基本格式如下：

<字符串>.format(<参数列表>)

format()方法中使用"{}"为变量预留位置。例如：

```
name = '李磊'
age = 20
print('你好，我叫{}，今年{}岁了'.format(name,age))
```

运行结果：

你好，我叫李磊，今年20岁了

也可以指定变量的顺序，例如：

```
name = '李磊'
age = 20
```

```python
print('你好，我叫{1}，今年{0}岁了'.format(age,name))
```

运行结果：

你好，我叫李磊，今年20岁了

format()方法还可以对数字进行格式化，比如保留n位小数、数字补齐和显示百分比。例如：

```python
# 保留n位小数
pi = 3.14159
print('{:.2f}'.format(pi))        # 小数点后保留2位小数

#数字补齐
num = 10
print('{:0>3d}'.format(num))      # 0代表补齐的数字，3代表补齐后数字的长度

#显示百分比
num = 0.2
print('{:.1%}'.format(num))       # 1表示将num保留1位小数
```

运行结果：

3.14
010
20.0%

③f-strings

f-strings是Python 3.6引入的一种新的字符串格式化方式。它是一个带有 f或F 前缀的字符串，通过大括号嵌入所需的变量，这些变量的具体值是在运行时确定的。例如：

```python
name = '李磊'
age = 20
print(f'我叫{name}，今年{age}岁了')
```

运行结果：

我叫李磊，今年20岁了

（3）字符串的常见操作

①字符串处理与操作

a.内置字符串处理函数：Python内置了一些对字符串进行处理的函数，这些函数的应用示例如下：

```
print(len('Hello World'))      # 返回字符串的长度
print(chr(65))                 # 返回Unicode编码对应的字符
print(ord('A'))                # 返回字符的Unicode编码
```

运行结果：

```
11
A
65
```

b.查找类函数：Python内置一些查找函数，用来查找一个字符串在另一个字符串中出现的位置或出现的次数，这些函数的应用示例如下：

```
s = 'bird,fish,monkey,bird,rabbit'
print(s.find('fish'))     # 查找一个字符串在另一个字符串指定范围内（默认是整个字符串）中首次出
                          现的位置，若不存在返回-1
print(s.rfind('b'))       # 查找一个字符串在另一个字符串指定范围内（默认是整个字符串）中最后一
                          次出现的位置，若不存在返回-1
print(s.index('bird'))    # 查找一个字符串在另一个字符串指定范围内（默认是整个字符串）中首次出
                          现的位置，若不存在抛出异常
print(s.rindex('bird'))   # 查找一个字符串在另一个字符串指定范围内（默认是整个字符串）中最后一
                          次出现的位置，若不存在抛出异常
print(s.count('b'))       # 用来返回一个字符串在另一个字符串中出现的次数，若不存在则返回0
```

运行结果：

```
5
25
0
17
4
```

c.分割类函数：字符串的分割函数可以使用分隔符把字符串分割成序列，split()方法中还可以使用maxsplit指定将字符串划分的字串的个数，这些函数的应用示例如下：

```
s = 'bird,fish,monkey,fish,rabbit'
# 以指定字符为分隔符，从原字符串的左端开始将其分割为多个字符串，并返回包含分割结果的列表
print(s.split('i'))
# maxsplit=2,从原字符串的左端开始将其分割为3个字符串，并返回包含分割结果的列表
print(s.split('i',2))
# 以指定字符为分隔符，从原字符串的右端开始将其分割为多个字符串，并返回包含分割结果的列表
print(s.rsplit('i'))
# maxsplit=2，从原字符串的右端开始将其分割为3个字符串，并返回包含分割结果的列表
print(s.rsplit('i',2))
# 以指定字符串为分隔符由左端将原字符串分割为3个部分，分隔符之前的字符串，分隔符字符串和# 分隔符之后的字符串
print(s.partition('fish'))
# 以指定字符串为分隔符由右端将原字符串分割为3个部分，分隔符之前的字符串，分隔符字符串和# 分隔符之后的字符串
print(s.rpartition('fish'))
```

运行结果：

```
['b', 'rd,f', 'sh,monkey,f', 'sh,rabb', 't']
['b', 'rd,f', 'sh,monkey,fish,rabbit']
['b', 'rd,f', 'sh,monkey,f', 'sh,rabb', 't']
['bird,fish,monkey,f', 'sh,rabb', 't']
('bird,', 'fish', ',monkey,fish,rabbit')
('bird,fish,monkey,', 'fish', ',rabbit')
```

d.字符串连接函数：Python中使用join()将列表中多个字符串进行连接，并在相邻两个字符串之间插入指定字符，返回新字符串。还可以使用"+"对字符串进行拼接。例如：

```
s = ['cat','dog','pig']
print(':'.join(s))            # 使用":"将列表中的多个字符串连接
str1 = 'hello'
str2 = ' '
str3 = 'python'
print(str1 + str2 + str3)     # 使用"+"对字符串进行拼接
```

运行结果：

```
cat:dog:pig
hello python
```

e.大小写字符转换方法:这些字符转换方法会生成新的字符串,不对原字符串进行任何修改。例如:

```
s = 'My name is JACK'
print(s.lower())            #将字符串转换为小写字符串
print(s.upper())            #将字符串转换为大写字符串
s = 'my name is JACK'
print(s.capitalize())       #将字符串首字母变为大写
print(s.title())            #将字符串中每个单词的首字母都变为大写
print(s.swapcase())         #将字符串中的字符大小写互换
```

运行结果:

```
my name is jack
MY NAME IS JACK
My name is jack
My Name Is Jack
MY NAME IS jack
```

f.替换方法:字符串替换函数replace()使用新的字符串替换目标字符串中原有的子串,例如:

```
s = '我是一名大学生,我今年18岁了'
print(s.replace('我','他'))      #使用"他"替换原字符串中的"我"
print(s.replace('我','他',1))    #使用"他"替换原字符串中的"我",替换1次
```

运行结果:

```
他是一名大学生,他今年18岁了
他是一名大学生,我今年18岁了
```

g.删除空白字符:字符串对象中有些方法可以删除字符串两侧或者单侧的空白字符,例如:

```
s = ' abc '
print(s.strip())            #删除字符串两端空白字符
```

```
print(s.rstrip())          # 删除字符串右端空白字符
print(s.lstrip())          # 删除字符串左端空白字符
```

运行结果：

```
abc
abc
abc
```

②字符串的索引与操作　在程序的开发过程中，可能需要对一组字符串中的某些字符进行特定的操作，Python中通过字符串的索引与切片功能可以提取字符串中的特定字符或子串，下面对字符串的索引和切片进行讲解。

a.索引：字符串可以看成是一个由元素组成的序列，每个元素的位置可以使用一个位置编号进行标注，这个位置编号就称为索引或者下标。这个编号可以由0开始从左向右依次递增，这样的索引称为正向索引；也可以由-1开始从右向左依次递减，这样的索引称为反向索引。例如：

```
s = 'python'
print(s[1])                # 利用正向索引获取'y'
print(s[-5])               # 利用反向索引获取'y'
```

运行结果：

```
y
y
```

b.切片：切片用于截取目标对象中的一部分，其语法格式如下：
[起始:结束:步长]

切片的步长默认为1，切片选取的区间属于左闭右开型，切片的子串包含起始位不包含结束位。例如：

```
s = 'python'
print(s[0:4:2])            # 由索引0开始到索引4结束[pyth0)，步长为2，结果为'pt'
print(s[-1:-5:-2])         # 由索引-1开始到索引-5结束(ython]，步长为2，结果为'nh'
```

运行结果：

```
pt
nh
```

1.4 Python语法基础

1.4.1 注释

不管是哪门编程语言，都离不开注释。注释的作用是什么，很简单，对程序中某些代码进行标注说明。当以后自己或者别人读你的代码时，就可以很快明白该代码想要干什么。因此，在程序中对某些代码进行标注说明，可增强程序的可读性。

注释可分为单行注释（行注释）和多行注释（块注释）。单行注释以#开头，# 右边的内容就是要注释的内容，为了保证代码的可读性，同时保持代码的优雅，建议注释和代码之间至少要有两个空格，并且#后面先添加一个空格再写注释的内容。例如：

```
# 这是一个单行注释示例
print('Hello python')          # 与代码在同一行
```

当需要添加的注释有多行时，就可以选用多行注释，也叫块注释。在Python中多行注释由一对连续的三个引号组成（单引号和双引号都可以）。例如：

```
"""
Python的多行注释
可以将注释写在多行
"""
print('Hello python')
```

1.4.2 变量

变量来源于数学，是计算机语言中能储存计算结果或能表示值的抽象概念。为了便于理解，我们可以先将变量理解为可以装东西的盒子，这些盒子就是内存单元，而给变量赋值就相当于将物品放进盒子里。标识内存单元的符号称为变量名（标识符）。变量名命名的规则与标识符命名规则相同，即由字母、下划线和数字组成，且数字不能开头，且不能与关键字重名。Python中的变量在定义的时候无需指定它的数据类型，根据所赋的值的类型来决定变量的类型，这就是Python变量的动态特征。例如：

```
a = 10                  # a是一个int类型的变量
a = '10'                # a的类型变更成了字符串类型
```

1.4.3 基本输入/输出

Python提供了input()函数用于获取用户键盘输入的字符。input()函数让程序暂停运行，等待用户输入数据，当获取用户输入后，Python将其以字符串的形式存储在一个变量中，方便后面使用。在Python中使用print()函数进行输出，输出字符串时可用单引号或双引号括起来，输出变量时可不加引号，变量与字符串同时输出或多个变量同时输出时，需用","隔开各项。例如：

```
username = input('请输入你的账号：')
password = input('请输入你的密码：')
print('你刚才输入的账号是：',username,'输入的密码是',password)
```

运行结果：

请输入你的账号：user1
请输入你的密码：123456
你刚才输入的账号是： user1 输入的密码是 123456

1.4.4 运算符

编程语言的本质就是解决运算逻辑，所以编程语言离不开运算符，Python与其他编程语言相比，运算符更为丰富，且功能更为强大。本节将对Python的运算符进行讲解。

（1）算术运算符

算术运算符主要是对两个对象进行算术计算的符号，其运算逻辑与数学的概念相似，因此比较好理解，常见的算术运算符有：

+：加，对两个对象进行相加运算。
-：减，一个数减去另一个数，或者得到负数。
/：除，一个数除以另外一个数。
*：乘，两个数相乘，或者返回一个被重复若干次字符串。
%：取模除，返回两个数相除的余数。
//：取整数，返回两个数相除所得商数的整数部分。
**：幂运算，返回X的Y次幂。

例如：

```
a = 3
b = 5
print(a + b)            # 获取操作数的和
print(a - b)            # 获取操作数的差
print(a / b)            # 获取操作数的商
print(a * b)            # 获取操作数的积
print('abc' * 3)        # 将'abc'重复3次返回
print(a % b)            # 获取余数
print(a // b)           # 获取商数的整数部分
print(a ** b)           # 返回a的b次幂
```

运行结果：

```
8
-2
0.6
15
abcabcabc
3
0
243
```

（2）关系运算符

将两个对象进行比较，返回一个bool类型的值，其运算对象可以是数值也可以是字符串。

==：等于，判断两个对象是否相等，这里的相等是指两个变量的值相等而两个变量却不相同。

此外，其他比较运算符还包括：!=不等于，判断两个对象不相等，>大于，<小于，>=大于等于，<=小于等于。例如：

```
a = 3
b = 5
print(a == b)
print(a < b)
print(a >= b)
```

运算结果：

```
False
True
False
```

（3）逻辑运算符

用于逻辑运算的符号，操作数可以为对象或表达式，一般返回一个布尔值，其运算原理与数学中的逻辑运算相同，包括：

and：逻辑与运算，左操作数的布尔值为False，则返回左操作数或计算结果（若为表达式），否则返回右操作数的执行结果。

or：逻辑或运算，左操作数的布尔值为Ture，则返回左操作数，否则返回右操作数或其计算结果（若为表达式）。

not：逻辑非运算，这是单目运算符，若操作数的布尔值为False，则返回True，否则返回False。

例如：

```
print(4-4 and 2)          # 左操作数是0，返回左操作数表达式结果
print(4-3 and 5)          # 返回右操作数的结果
print(0 or 2+3)           # 左操作数的布尔值是False，返回右操作数表达式结果
print(2 or 0)             # 左操作数的布尔值是True，返回左操作数
print(not(3-2))
print(not(False))
```

运行结果：

```
0
5
5
2
False
True
```

（4）赋值运算符

赋值运算符是编程开发中最常用的运算符，即对一个对象进行赋值，将运算符右侧的值赋值给左侧的变量。

=：简单的赋值运算符，用于变量的赋值。

+=：加法赋值运算符。

此外，还有-=、*=、/=、/=、%=、//=等。

```
a = 3                     # 将3赋值给变量
b = 5
print(a)
a += b                    # 将a + b的结果赋值给a
print(a)
```

运行结果：

```
3
8
```

（5）位运算符

位运算符是对Python对象进行按照存储的bit操作，其运算对象是二进制的格式，一般我们在开发过程中用到的比较少。

&：按位与运算符，参与运算的两个值相应位都为1，则该位返回为1，否则为0。

|：按位或运算符，只要对应的两个二进位有一个为1时，则该位返回1。

^：按位异或运算符，当对应位相异时，结果为1。

~：按位取反运算符，对数据的每个二进制位取反，即把1编程0，把0编程1。

<<：左移动运算符，将二进制位全部左移，高位丢弃，低位补0。

>>：右移动运算符，将二进制位全部右移，低位丢弃，高位补0。

```
data1 = 10
data2 = 11
print(data1 << 2)        # 左移2位
print(data1 >> 2)        # 右移2位
print(data1 & data2)     # 按位与
print(data1 | data2)     # 按位或
print(data1 ^ data2)     #按位异或
print(~ data1)           #按位取反
```

运行结果：

```
40
2
10
11
1
-11
```

（6）成员运算符

用于判断两个对象是否存在包括关系，即一个对象中是否包含另外一个对象，其返回结尾为布尔值。成员运算符只有in和not in，即判断指定的值是否在某个对象中，这个对象可以是字符串，也可以是元组、列表。

```
str1 = 'hello'
str2 = 'h'
print(str2 in str1)
```

运行结果：

```
True
```

（7）身份运算符

判断是否引用自一个对象，主要是通过两个对象的存储单位id进行对比判断两个变量是否相同，其中运算符有is和is not，表示两个标识符是不是引用自一个对象。

==：逻辑运算符，主要用来验证两个变量的value值是否相同。

is：身份运算符，判断两个变量是否相同，即其物理存储地址id相同。

例如：

```
a = 1
b = a
print(b is a)
```

运行结果：

True

第2章　程序结构

知识要点：

掌握if语句的多种格式。

熟练使用if语句的嵌套。

掌握for循环与while循环的结构。

熟练使用for循环与while循环的嵌套。

掌握跳转语句break与continue的使用。

Python的程序结构有三种：顺序结构、选择结构和循环结构。程序中语句的执行顺序默认是自上而下顺序执行的，这种程序结构称为顺序结构。但是在程序执行的过程中，有时候需要使用一些语句控制程序流程，使程序产生跳跃、回溯等现象。那么对程序运行过程中的流程进行控制，就会改变程序运行的顺序结构。本章将对Python程序中的选择结构和循环结构进行讲解。

2.1　选择结构

选择结构也称为分支结构，这种结构主要通过if语句来实现，通过判断条件是否成立来选择性地执行某一个分支的程序语句。根据分支数量的不同，if语句分为单分支if语句、双分支if...else语句和多分支if...elif...else语句。

2.1.1　if语句

if语句是最简单的条件判断语句，其语法格式如下：

```
if 条件表达式:
    代码块
```

if是关键字，根据条件表达式的判断结果选择是否执行对应的代码块。If语句的执行流程如图2-1所示。

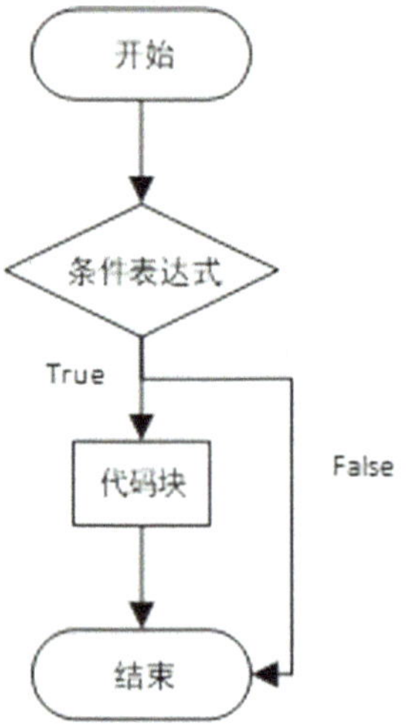

图2-1 if语句执行流程

例如，使用if语句判断儿童进公园是否需要买票，代码如下：

```
high = 1.3
if high > 1.2:              # 如身高大于1.2米，需买票后进园
    print('须买票后进园')
```

上述代码，身高大于1.2米，if后面表达式的值为True，则输出"须买票后进园"。

2.1.2 if...else语句

if...else语句产生两个分支，可根据条件表达式的判断结果选择执行哪个分支。if...else语句格式如下：

```
if 条件表达式
    代码块1
else:
    代码块2
```

上述格式中，如果if条件表达式结果为True，执行代码块1；如果表达式结果为False，则执行代码块2。If...else语句执行流程如图2-2所示。

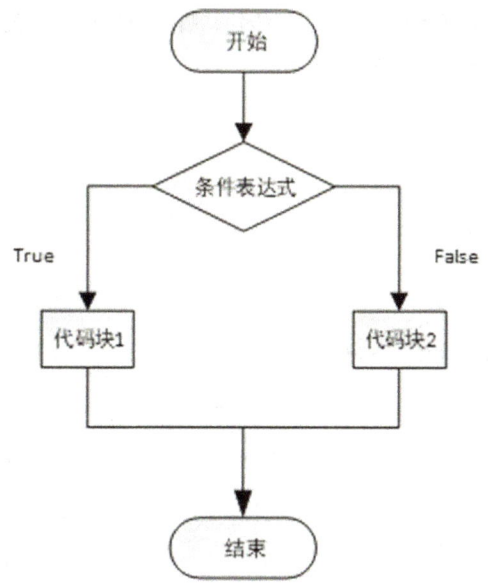

图2-2 if...else语句执行流程

例如，使用if...else语句模拟用户登录的场景，代码如下：

```
user_name = input('请输入用户名：')
psw = input('请输入密码：')
if user_name == 'user1' and psw == '123456':
    print('登录成功')
else:
    print('输入的用户名或密码有误，请重新登录')
```

2.1.3　if...elif...else语句

如果程序遇到需要处理多种情况时，可以使用if...elif...else语句，其格式如下：

```
if 条件表达式1:
    代码块1
elif 条件表达式2:
    代码块2
...
elif 条件表达式n-1:
    代码块n-1
else:
    代码块n
```

上述格式中，if之后可以有任意数量的elif语句，哪个条件表达式的结果为True，就执行哪个分支的代码块。该语句执行流程如图2-3所示。

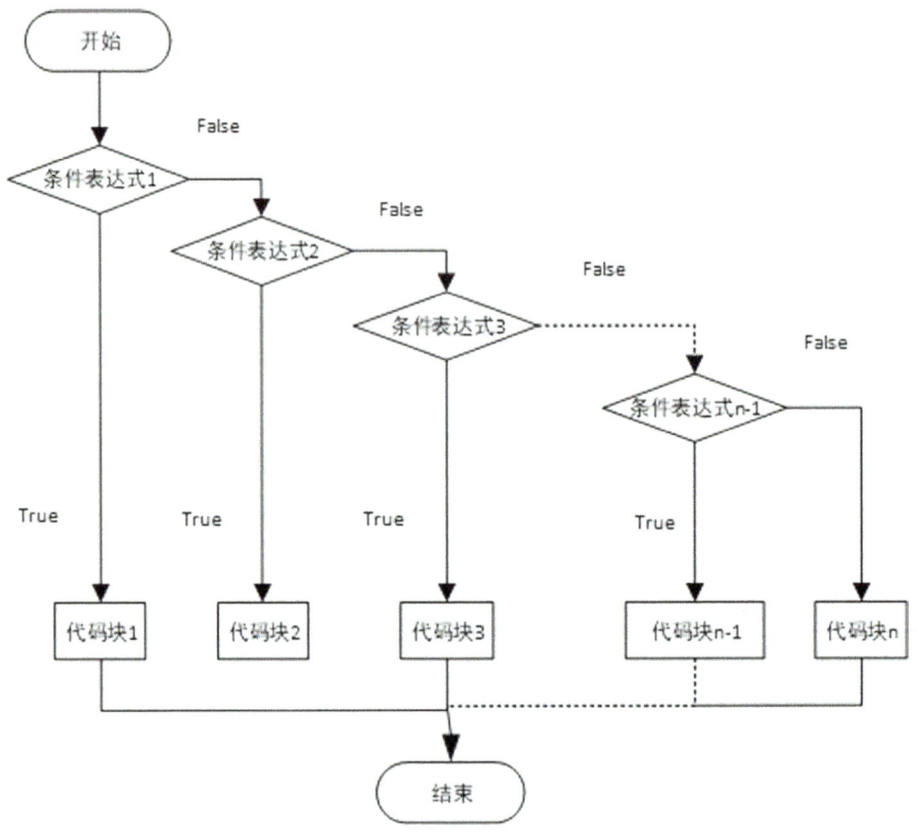

图2-3　if...elif...else语句执行流程

例如，使用if...elif...else模拟自助餐厅购买入场券的场景，代码如下：

```
age = 13
if age <= 3:
    print('The age under 3 is free.')                    # 年龄不超过3岁免费
elif age <= 12:
    print('The age between 3 and 12 is half price.')     # 年龄超过3岁不超过12岁半价
else:
    print('The age over 12 is full price.')              # 年龄超过12岁全价
```

2.1.4　if语句的嵌套

if语句嵌套指的是if语句内部包含if语句，其格式如下：

if 条件表达式1:

```
代码块1
if 条件表达式2：
    代码块2
```

当有多个条件需要满足并且条件之间有递进关系时，可以使用if语句的嵌套。if语句的嵌套主要指选择结构的3种基本形式之间的互相嵌套，使用时根据具体情况注意控制好不同级别代码块的缩进量。

if语句其他的嵌套形式朋友们可以根据实际需要自行组合。需要注意的是，在使用if语句嵌套结构时，要注意以下几点：

①严格控制好不同级别代码块的缩进量，一个缩进量一般是4个空格，根据不同条件对应级别的递进适当进行缩进；

②使用else语句和elif语句时，都不能单独使用，应该和保留字if一起配合使用。

例如，模拟用户登录场景，并检查用户名密码输入是否有误，代码如下：

```
user_name = input('请输入用户名：')
psw = input('请输入密码：')
if user_name == 'user1':
    if psw == '123456':
        print('登录成功！')
    else:
        print('密码输入有误，请重新输入！')
else:
    print('用户名输入有误，请重新输入！')
```

2.2 循环结构

Python中常用的循环包括for循环和while循环。本节将针对for循环与while循环的使用进行讲解。

2.2.1 for循环

for循环可以对可迭代对象进行遍历。for语句的格式如下：

```
for 临时变量 in 可迭代对象:
    代码块
```

每执行一次循环，临时变量都会被赋值为可迭代对象的当前元素，供下面的代码块使用。

例如，使用字符串遍历字符串的每个字符，代码如下：

```
str = 'python'
for s in str:
    print(s)
```

运行结果如下：

p
y
t
h
o
n

2.2.2 while循环

Python 编程中 while 语句用于循环执行程序，即在某条件下，循环执行某段程序，以处理需要重复处理的相同任务。其基本语法格式如下：

while 条件表达式:
　　代码块

执行语句可以是单个语句或语句块。判断条件可以是任何表达式，任何非零、或非空（null）的值均为True。当条件表达式的结果为True，则执行while循环中的代码块。当判断条件假 False 时，循环结束。执行流程如图2-4所示。

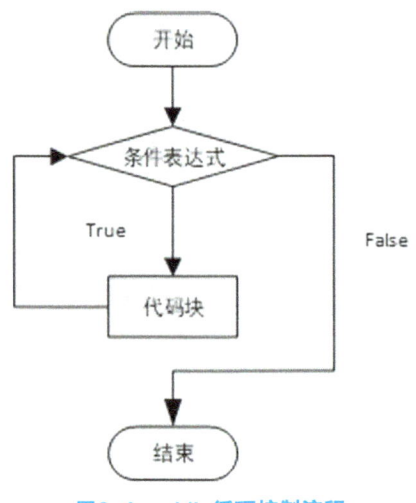

图2-4　while循环控制流程

使用while循环计算1+2+3+…+10的值，代码如下：

```
i = 1
result = 1
while i <= 10:
    result += i
    i += 1
print(result)
```

运行结果：

55

2.2.3 循环嵌套

在编写代码时，可能需要对一段代码执行多次，这时可以使用循环语句。假如需要多次执行循环语句，那么可以将循环语句放在循环语句之中，实现循环嵌套。

（1）for循环嵌套

for循环中可以嵌套使用 for 循环，也可以在 for 循环中嵌套使用while循环。

使用for循环嵌套for循环打印由"*"组成的直角三角形，代码如下：

```
for i in range(1,6):
    for j in range(i):
        print("*",end=' ')
    print()
```

运行结果：

```
*
* *
* * *
* * * *
* * * * *
```

使用for循环嵌套while循环打印3行"*"、"="和"~"图案，代码如下：

```
mark = ['*','=','~']
for c in mark:
    i = 0
    while i < 30:
        print(c,end=' ')
```

```
    i += 1
print()
```

运行结果：

```
* * * * * * * * * * * * * * * * * * * * * * * * * * *
= = = = = = = = = = = = = = = = = = = = = = = = = = =
~ ~ ~ ~ ~ ~ ~ ~ ~ ~ ~ ~ ~ ~ ~ ~ ~ ~ ~ ~ ~ ~ ~ ~ ~ ~ ~
```

（2）while循环嵌套

while循环中可以嵌套使用 while循环，也可以在 while循环中嵌套使用for循环。

使用while循环嵌套while循环打印3行"*"，每行打印30个，代码如下：

```
i = 0
while i < 3:
    j = 0
    while j < 30:
        print("*",end=' ')
        j += 1
    print()
    i += 1
```

运行结果：

```
* * * * * * * * * * * * * * * * * * * * * * * * * * * * * *
* * * * * * * * * * * * * * * * * * * * * * * * * * * * * *
* * * * * * * * * * * * * * * * * * * * * * * * * * * * * *
```

使用while循环嵌套for循环打印一组数，代码如下：

```
i = 0
while i<3:
    for j in range(3):
        print("i=",i," j=",j)
    i=i+1
```

运行结果：

```
i= 0 j= 0
i= 0 j= 1
i= 0 j= 2
i= 1 j= 0
i= 1 j= 1
i= 1 j= 2
i= 2 j= 0
i= 2 j= 1
i= 2 j= 2
```

2.3 跳转语句

在Python中，跳转语句是一种特殊类型的语句，它允许程序在执行时跳过一些代码块或重复执行某些代码块。通常，Python程序的跳转语句，使用循环结构的两个辅助保留字 continue和break来实现，它们与for和while循环搭配使用。

2.3.1 break语句

用于在循环语句中提前结束循环，并跳出离它最近一级的循环。通常使用if语句来判断某些条件是否成立，然后根据判断结果决定是否执行跳转语句。

打印"python"字符串中字符"o"之前的字符，代码如下：

```
for c in 'python':
    if c == 'o':
        break
    print(c,end='')
```

运行结果：

```
pyth
```

2.3.2 continue语句

用于跳过当前循环中的剩余语句，并进入下一轮循环。使用continue语句可以在循环中跳过某些不必要的计算，提高循环的执行效率。

打印"python"字符串中除字符"o"之外的字符，代码如下：

```
for c in 'python':
    if c == 'o':
        continue
```

```
    print(c,end='')
```

运行结果：

pythn

实例1：根据身高、体重计算BMI指数

```
height = float(input("请输入你的身高（单位为米）：")) 
weight = float(input("请输入你的体重（单位为千克）：")) 
print("你的体重："+ str(weight))
bmi = weight/(height*height)
print("你的bmi指数为："+ str(bmi))
#判断身材是否合理
if bmi < 18.5 :
    print("你的体重过轻")
if bmi >= 18.5 and bmi < 24.9:
    print("正常范围，注意保持")
if bmi >= 24.9 and bmi<29.9 :
    print("你的体重过重")
if bmi >= 29.9 :
    print("肥胖")
```

运行结果：

请输入你的身高（单位为米）：1.8
请输入你的体重（单位为千克）：90
你的体重：90.0
你的bmi指数为：27.777777777777775
你的体重过重

第3章 函数

知识要点：

掌握函数的定义与调用方式。

掌握函数的参数传递的方式。

了解常用的内置函数。

一个较大的程序一般应分为若干个模块，每一个模块用来实现一个特定的功能，开发人员通常会将其中每个模块的功能性代码定义为一个函数，提高代码的复用性、降低代码冗余，使程序结构更加清晰。函数是指组织好的、可重复使用的、用来实现单一或相关联功能的代码段。Python函数包含内置函数和用户自定义的函数。本章将对函数的定义和调用、函数参数的传递和内置函数进行介绍。

3.1 函数的定义和调用

Python的安装包、标准库中自带的函数统称为内置函数，用户自己编写的函数称为用户自定义函数，无论是哪种函数，其定义和调用的方式都是一样的。本节将对函数的定义与调用进行介绍。

3.1.1 函数的定义

Python中使用def关键字来定义函数：

```
def 函数名([参数列表]):
    函数体
    [return语句]
```

上述语法中，如果不需要传递参数，参数列表可以省略，如果没有返回值，return语句可以省略。例如：

```
def add(a, b):
    c = a + b
    return c
```

3.1.2 函数的调用

函数的调用格式如下：

函数名([参数列表])

定义好的函数，直到被用户调用时才会执行。例如，调用3.1.1小节中的add(a, b)函数。代码如下：

print(add(2, 3))

运行结果：

5

3.2 函数参数的传递

函数参数的传递是指将实际参数传递给形式参数的过程，根据不同的传递形式，函数的参数可以分为位置参数、默认参数、关键字参数和不定长参数。

3.2.1 位置参数

位置参数的意思就是在调用时，必须按照正确顺序传入参数，调用时的数量必须与函数的申明一致。例如：

```
def division(num1, num2):
    print(num1 / num2)
division(5, 2)              # 函数调用传递位置参数
```

上述代码调用division()函数时传入实际参数5和2，根据实际参数和形式参数的位置关系，5被传递给形式参数num1，2被传递给形式参数num2。

3.2.2 默认参数

有些函数的内部，比如有一些定值不需要变化，或者有一些常量，为了简化调用方法，则将这些参数设置为默认参数，调用时可以不需要传入参数，直接使用内部参数值，也可以传入一个新值。例如：

```
def cylinder(r, h, pi = 3.14):
    print(f'圆柱的底面积为{pi*r*r}')
    print(f'圆柱的体积为{pi*r*r*h}')
```

```
cylinder(2, 5)                    # 形式参数pi使用默认值
cylinder(2, 5, pi = 3.1415)       # 形式参数pi使用传入值
```

运行结果：

```
圆柱的底面积为12.56
圆柱的体积为62.800000000000004
圆柱的底面积为12.566
圆柱的体积为62.830000000000005
```

3.2.3 关键字参数

使用位置参数传值时，如果函数中存在多个参数，记住每个参数的含义和位置可能比较困难，此时可以使用关键字参数进行传递。例如：

```
def stu_info(name, age, addr):
    print(f'姓名：{name}，年龄：{age}，地址：{addr}')
stu_info(name='李磊', age=18, addr='北京')
```

运行结果：

```
姓名：李磊，年龄：18，地址：北京
```

3.2.4 不定长参数

若要传入函数中的参数的个数不确定，可以使用不定长参数。不定长参数也称为可变参数，此种参数接收参数的数量可以任意改变。语法格式如下：

```
def 函数名([formal_args,] *args, **kwargs):
    函数体
    [return 语句]
```

上述语法格式中的参数*args和参数**kwargs都是不定长参数，这两个参数可以搭配使用，亦可以单独使用。

（1）*args

不定长参数*args用于接收不定数量的位置参数，调用函数时传入的所有参数被*args接收后以元组形式保存。例如：

```
def test_args(*args):
    print(args)
```

test_args('a', 'b', 'c', 'd')

运行结果：

('a', 'b', 'c', 'd')

（2）**kwargs

不定长参数**kwargs用于接收不定数量的关键字参数，调用函数时传入的所有参数被**kwargs接收后以字典的形式保存。例如：

```
def test_kwargs(**kwargs):
    print(kwargs)
test_kwargs(name = 'LiLei', age = 18, addr = 'BeiJing' )
```

运行结果：

{'name': 'LiLei', 'age': 18, 'addr': 'BeiJing'}

3.3 内置函数

Python内置了一些实现特定功能的函数，这些函数无需用户进行定义，可直接使用。常用的内置函数如表3-1所示。

表3-1 常用的Python内置函数

函数	说明
abs()	计算绝对值，其参数必须是数字类型
len()	返回序列对象（字符串、列表、元组等）的长度
map()	根据提供的函数对指定的序列做映射
help()	用于查看函数或模块的使用说明
ord()	用于返回Unicode字符对应的码值
chr()	与ord()功能相反，用于返回码值对应的Unicode字符
filter()	用于过滤序列，返回由符合条件元素组成的新列表

3.3.1 abs()函数

abs()函数用于计算绝对值，其参数必须是数字类型。需要说明的是，如果参数是一个复数，那么该函数返回的绝对值是此复数与它的共轭复数乘积的平方根。例如：

```
print(abs(-2))
print(abs(3.5))
print(abs(3 + 4j))
```

运行结果：

```
2
3.5
5.0
```

3.3.2　len()函数

len() 方法返回对象（字符、列表、元组等）长度或项目个数。

```
str = 'python'
list1 = [1, 2, 3, 4]
tuple = (1, 2, 3)
print(f'str元素的个数：{len(str)}')
print(f'list1元素的个数：{len(list1)}')
print(f'tuple元素的个数：{len(tuple)}')
```

运行结果：

```
str元素的个数：6
list1元素的个数：4
tuple元素的个数：3
```

3.3.3　map()函数

根据提供的函数对指定的序列做映射，该函数第一个参数function:接受一个函数名;第二个参数接受一个或多个可迭代的序列。返回的是一个集合。例如：

```
def add(a, b, c):
    return a + b +c
def map_test():
    list1 = [1, 2, 3]
    list2 = [4, 5, 6]
    list3 = [7, 8, 9]
    return map(add, list1, list2, list3)
for i in map_test():
```

```
print(i)
```

运行结果：

```
12
15
18
```

3.3.4 ord()函数/chr()函数

ord()函数以一个字符（长度为1的字符串）作为参数，返回对应的 ASCII 数值。chr()函数用一个范围在 range（256）内的（就是0～255）整数作参数，返回一个对应的字符，参数可以是10进制也可以是16进制的形式的数字。例如：

```
print(ord('a'))
print(chr(48))          # 十进制数字作为参数
print(chr(0x30))        # 十六进制数作为参数
print(chr(0o60))        # 八进制数作为参数
```

运行结果：

```
97
0
0
0
```

3.3.5 filter()函数

用于过滤序列，过滤掉不符合条件的元素，返回一个迭代器对象，如果要转换为列表，可以使用 list() 来转换。该函数接收两个参数，第一个为函数，第二个为序列，序列的每个元素作为参数传递给函数进行判断，然后返回 True 或 False，最后将返回 True 的元素放到新列表中。例如：

```
def is_odd(num):
    return num % 2 == 1
temp_list = filter(is_odd,[1, 2, 3, 4, 5, 6, 7, 8, 9, 10])
print(temp_list)
new_list = list(temp_list)
print(new_list)
```

运行结果:

<filter object at 0x000001838058ABF0>
[1, 3, 5, 7, 9]

第4章 组合数据类型

知识要点：
掌握列表的创建与访问列表元素的方式。
掌握列表的遍历和排序方法。
掌握添加、删除、修改列表元素的方法。
掌握创建元组与访问元组元素的方式。
掌握字典的创建和访问元素的方式。
掌握字典的基本操作。
掌握集合的创建和常见操作。
了解集合操作符的使用。

组合数据类型可以将多个数据组织起来，根据数据组织方式的不同，Python的组合数据类型可分成三类：序列(字符串str、列表list和元组tuple)、集合(set)和映射(字典 dictionary)。序列存储一组排列有序的元素，每个元素的类型可以不同，通过索引可以锁定序列中的指定元素；集合同样存储一组数据，它要求其中的数据必须唯一，但不要求数据间有序；映射类型的数据中存储的每个元素都是一个键值对，通过键值对的键可以迅速获得对应的值。

Python的组合数据类型按照是否有序，可分为有序组合数据（字符串、列表和元组）和无序组合数据（字典和集合）；按照元素是否可以修改，可分为可变组合数据（列表、字典和可变集合）和不可变组合数据（字符串、元组和不可变集合）。

4.1 列表

列表（list）是写在[ ]之间、用逗号隔开的元素集合。列表是Python中使用最频繁、灵活性最好的数据类型，可以完成大多数集合类的数据结构实现。列表具有以下特性：
①列表中的元素可以是零个或多个。只有零个元素的列表称为空列表[]。
②列表中元素可以相同，也可以不相同。
③列表中的元素可以类型相同，如[1,2,3]；也可以类型不同，如['a',1]。
④列表和字符串一样都支持元素的双向索引。

4.1.1 列表的创建方式

通常使用"[ ]"运算符或list()函数创建列表。

（1）使用"[ ]"运算符创建列表

使用"[ ]"创建列表时，只需在"[ ]"中使用逗号分割每个元素即可。例如：

```
list1 = []                  # 空列表
list2 = ['h','e','l','l','o']   # 列表中元素类型相同
list3 = ['a',1,2.5]         # 列表中元素类型不同
```

（2）使用list()函数创建列表

使用list()函数创建列表时，需要注意的是该函数接收的参数必须是一个可迭代类型的数据。例如：

```
list1 = list(1)              # 因为int类型数据不是可迭代类型，创建失败
list2 = list('python')       # 字符串类型
list3 = list([1,'python'])   # 列表类型
```

4.1.2　访问列表

列表中的元素可以通过索引或切片的方式访问。

（1）使用索引可以获取列表中的指定元素

例如：

```
list1 = ['c','c++','c#','java','python']
print(list1[1])     # 访问列表中索引为1的元素，即c++
print(list1[-1])    # 访问列表中索引为-1的元素，即python
```

（2）使用切片访问列表中的元素

使用切片可以截取列表中的部分元素。例如：

```
carList = ['比亚迪','蔚来','小鹏','理想','欧拉','北汽']
print(carList[2:5])    # 获取列表中索引为2至索引为5的元素
print(carList[1:5:2])  # 获取列表中索引为2至索引为5且步长为2的元素
print(carList[2:])     # 获取索引为2至末尾的元素
print(carList[:3])     # 获取索引为0至索引为3的元素
print(carList[:])      # 获取列表中的所有元素
```

运行结果：

```
['小鹏', '理想', '欧拉']
['蔚来', '理想']
```

['小鹏', '理想', '欧拉', '北汽']
['比亚迪', '蔚来', '小鹏']
['比亚迪', '蔚来', '小鹏', '理想', '欧拉', '北汽']

4.1.3 列表的遍历和排序

（1）列表的遍历

列表是一个可迭代对象，它可以通过for循环遍历元素。例如：

```
car_list = ['比亚迪','蔚来','小鹏','理想','欧拉','北汽']
for car_name in car_list:
    print(car_name)
```

运行结果：

比亚迪
蔚来
小鹏
理想
欧拉
北汽

（2）列表的排序

列表的排序是将元素按照某种规定进行排列。列表中常用的排序方法有sort()、reverse()、sorted()。

①sort()方法。sort()方法能够对列表元素排序，排序后的列表会覆盖原来的列表，该方法的语法结构如下：

```
sort(key = None, reverse = False)
```

上述格式中，key参数用来指定排序的规则，reverse参数用来指定排序的方式，True表示降序，False（默认值）表示升序。例如：

```
list1 = [4,2,1,5]
list2 = [5,3,6,1]
list3 = ['c','python','java']
list1.sort()                #升序排列列表中的元素
list2.sort(reverse=True)    #降序排列列表中的元素
# len()函数可以获取字符串长度,可以使列表按照字符串长度排序
```

```
list3.sort(key=len)
print(list1)
print(list2)
print(list3)
```

运行结果:

```
[1, 2, 4, 5]
[6, 5, 3, 1]
['c', 'java', 'python']
```

②sorted()方法。该方法的返回值是升序排列后的新列表。例如:

```
list1 = [4,2,1,5]
list2 = sorted(list1)              # 升序排列
list3 = sorted(list1,reverse=True) # 降序排列
print(list1)                       # 原列表
print(list2)                       # 排序后列表
print(list3)                       # 排序后列表
```

运行结果:

```
[4, 2, 1, 5]
[1, 2, 4, 5]
[5, 4, 2, 1]
```

③reverse()方法。该方法用于将列表中的元素倒序排列,即将原列表中的元素从右至左依次排列。例如:

```
list1 = ['a','c','b','d']
list1.reverse()
print(list1)
```

运行结果:

```
['d', 'b', 'c', 'a']
```

4.1.4 添加、删除和修改列表元素

列表是一种可变的组合数据类型,经常会对列表进行一些添加、删除和修改的操作。

(1)添加列表元素

向列表中添加元素的常用方法有insert()、append()和extend(),下面对这些方法进行介绍。

①insert()方法。insert()方法用于将元素插入到列表的指定位置。例如:

```
colour = ['red','yellow','black','white']
colour.insert(2,'green')    #插入到索引为2的位置
print(colour)
```

运行结果:

```
['red', 'yellow', 'green', 'black', 'white']
```

②append()方法。append()方法用于在列表末尾添加新的元素。例如:

```
colour = ['red','yellow','black','white']
colour.append('green')   #插入到列表末尾
print(colour)
```

运行结果:

```
['red', 'yellow', 'black', 'white', 'green']
```

③extend()方法。extend()方法用于在列表末尾一次性添加另一个序列中的所有元素,即使用新列表扩展原来的列表。例如:

```
list1 = [1,2,3,4]
list2 = ['a','b','c','d']
list1.extend(list2)
print(list1)
```

运行结果:

```
[1, 2, 3, 4, 'a', 'b', 'c', 'd']
```

(2)删除列表元素

删除列表元素的常用方法有del语句、remove()方法和pop()方法。

①del语句。del语句用于删除列表中指定位置的元素。例如：

```
list1 = ['a','b','c','d','e']
del list1[1]
print(list1)
```

运行结果：

```
['a', 'c', 'd', 'e']
```

②remove()方法。remove()方法用于移除列表中的某个元素，若列表中有多个匹配的元素，只会移除匹配到的第一个元素。例如：

```
list1 = ['a','b','c','d','b','e']
list1.remove('b')
print(list1)
```

运行结果：

```
['a', 'c', 'd', 'b', 'e']
```

③pop()方法。pop()方法用于移除列表中的某个元素，如不指定具体元素，就会移除列表最后一个元素。例如：

```
list1 = ['a','b','c','d','b','e']
print(list1.pop())    #移除列表中最后一个元素
print(list1.pop(2))   #移除列表中索引为2的元素
print(list1)
```

运行结果：

```
e
c
['a', 'b', 'd', 'b']
```

（3）修改列表元素

修改列表中的元素就是通过索引获取元素并对元素进行重新赋值。例如：

```python
names = ['Lucy','Clack','John']
names[2] = 'Jack'
print(names)
```

运行结果:

['Lucy', 'Clack', 'Jack']

4.1.5　实例——自助售卖机简易实现

当今社会自助售卖机遍布很多公共场合,给我们的生活带来很大便利,下面通过一个自助售卖机简易实现程序。

程序需求:

①启动程序后,然后打印商品列表,并提示输入需要购买商品的编号。

②用户输入商品编号,就能够将商品添加到购物车,并提示该商品的金额。

③再次重复上述步骤。

④直到用户输入'q'时,选择商品结束,打印购买的商品列表,并提示输入支付金额。

⑤如输入支付金额错误,会提示输入正确的支付金额,直到输入正确支付金额后,提示支付完成,退出程序。

程序代码如下:

```python
# 定义商品列表
products = [('方便面', 6), ('矿泉水', 3), ('可口可乐', 5), ('火腿肠', 15),
            ('饼干', 8), ('果汁', 10), ('牛肉干', 20), ('奶茶', 7)]
# 初始化购物车
shopping_list = []
# 初始化付款金额
salary = 0
# 进入购物环节
while True:
    # 显示商品列表
    for index, item in enumerate(products):
        print(index,item)
    # 选择想要购买的商品编号
    option = input('请输入您要购买的商品编号:')
    if option.isdigit():
        # 将字符转换为数字
        option = int(option)
        if option>=0 and option<len(products):
```

```python
        # 取得您要购买的商品
        option_product = products[option]
        # 将商品放入购物车
        shopping_list.append(option_product)
        # 更改付款金额
        salary += option_product[1]
        # 给出提示信息
        print('您选择的{}已经加入购物车,您需要支付:{}元'.format(option_product[0], option_product[1]))
    else:
        print('抱歉!您选择的商品不存在。')
    elif option == 'q':
        print('您购买的商品列表为:')
        # 输出商品列表
        for p in shopping_list:
            print(p)
        # 显示需要支付的金额
        print('您共需要支付:{}元'.format(salary))
        while True:
            # 输入支付金额
            money = input('输入支付金额:')
            if money.isdigit():
                money = int(money)
                if money == salary:
                    print('支付完成!')
                    break
                else:
                    print('请输入正确金额!')
        # 退出购买商品循环
        break
print('购物结束,欢迎下次光临!')
```

程序运行结果:

```
0 ('方便面', 6)
1 ('矿泉水', 3)
2 ('可口可乐', 5)
3 ('火腿肠', 15)
4 ('饼干', 8)
```

5 ('果汁', 10)

6 ('牛肉干', 20)

7 ('奶茶', 7)

请输入您要购买的商品编号:0

您选择的方便面已经加入购物车，您需要支付：6元

0 ('方便面', 6)

1 ('矿泉水', 3)

2 ('可口可乐', 5)

3 ('火腿肠', 15)

4 ('饼干', 8)

5 ('果汁', 10)

6 ('牛肉干', 20)

7 ('奶茶', 7)

请输入您要购买的商品编号:1

您选择的矿泉水已经加入购物车，您需要支付：3元

0 ('方便面', 6)

1 ('矿泉水', 3)

2 ('可口可乐', 5)

3 ('火腿肠', 15)

4 ('饼干', 8)

5 ('果汁', 10)

6 ('牛肉干', 20)

7 ('奶茶', 7)

请输入您要购买的商品编号:2

您选择的可口可乐已经加入购物车，您需要支付：5元

0 ('方便面', 6)

1 ('矿泉水', 3)

2 ('可口可乐', 5)

3 ('火腿肠', 15)

4 ('饼干', 8)

5 ('果汁', 10)

6 ('牛肉干', 20)

7 ('奶茶', 7)

请输入您要购买的商品编号:q

您购买的商品列表为：

('方便面', 6)

('矿泉水', 3)

('可口可乐', 5)

您共需要支付：14元
输入支付金额：13
请输入正确金额！
输入支付金额：14
支付完成！
购物结束，欢迎下次光临！

4.2 元组

元组（tuple）和列表一样，用来存储一组有序的元素，但元组是不可变的数据类型。

4.2.1 元组的创建方式

元组的创建方式和列表的创建方式类似，可以使用圆括号"()"和tuple()函数来创建。

（1）使用圆括号"()"创建元组

使用圆括号"()"创建元组，并将元组中的元素用逗号进行分割。例如：

```
tuple1 = ()                          # 空元组
tuple2 = ('p', 'y', 't', 'h', 'o', 'n')    # 元素均为字符串
tuple3 = (1, 2, 'python', 3.14)      # 元素类型不同
```

需要注意的是，使用圆括号"()"创建元组时，如果元组中只含有一个元素，则需要在元素后面添加逗号，以确保Python解释器能够识别其为元组类型。

（2）使用tuple()函数创建元组

使用tuple()函数创建元组时，如果不传入任何数据，则创建一个空元组；如果传入迭代类型的数据，则会创建一个非空元组。例如：

```
tuple_null = tuple()
tuple_str = tuple('python')
tuple_list = tuple([1, 2, 3, 4])
print(tuple_null)
print(tuple_str)
print(tuple_list)
```

运行结果：

```
()
7('p', 'y', 't', 'h', 'o', 'n')
(1, 2, 3, 4)
```

4.2.2 访问元组元素

和列表类似,元组元素同样可以通过索引和切片的方式进行访问,具体方式如下:

(1)使用索引访问单个元素

可以使用索引访问元组中的单个元素。例如:

```
tuple1 = ('c', 'python', 100)
print(tuple1[0])
print(tuple1[1])
print(tuple1[2])
```

运行结果:

```
c
python
100
```

(2)使用切片访问元组元素

可以使用切片访问元组中的部分元素。例如:

```
tuple1 = ('p', 'y', 't', 'h', 'o', 'n')
print(tuple1[:])            # 获取元组所有元素
print(tuple1[:3])           # 获取从开始到索引为3的元素
print(tuple1[2:])           # 获取从索引为2到末尾的元素
print(tuple1[1:5])          # 获取索引为1到索引为5的元素
print(tuple1[1:5:2])        # 获取索引为1到索引为5且步长为2的元素
print(tuple1[-1:-5:-2])     # 获取索引为-1到索引为-5且步长为-2的元素
```

运行结果:

```
('p', 'y', 't', 'h', 'o', 'n')
('p', 'y', 't')
('t', 'h', 'o', 'n')
('y', 't', 'h', 'o')
('y', 'h')
('n', 'h')
```

特别注意:元组中的元素是不允许修改的,但是,元组中如包含可变数据类型的元素,那么,这个可变数据类型的元素可以修改。例如:

```python
tuple1 = ('c', 10, 'python')    # 该元组元素不可变
tuple2 = (1, 2, ['a', 'b'])     # 该元组含有可变的列表元素
tuple2[2].append('c')           # 向元组tuple2的第3个元素追加一个字符'c'
print(tuple2)
```

运行结果:

```
(1, 2, ['a', 'b', 'c'])
```

4.2.3 实例——学生成绩管理系统

学生成绩管理系统是学校教务管理中常见的应用之一。在该系统中,通常会使用元组来存储学生的基本信息和成绩数据。通过使用元组,可以实现对学生成绩的查询、排序和统计操作。

(1)程序需求

①启动程序后,打印功能菜单,并提示输入操作编号。

②用户输入操作编号,就能进行学生信息的添加,以及实现对学生成绩的查询、排序和统计操作。

③再次重复上述步骤。

④直到用户输入'q'时,退出系统。

(2)程序代码

```python
# 创建存放学生信息的列表
stu_info_list = []
def insert_stu_info():
    info = input('请输入学生的姓名,年龄,性别,成绩')
    stu_info = info.split(',')
    # 将年龄和成绩变为数值型数据
    stu_info[1] = int(stu_info[1])
    stu_info[3] = int(stu_info[3])
    # 创建存放某位学生信息的元组
    stu_info_tuple = tuple(stu_info)
    # 将存放单个学生信息的元组添加到存放学生信息的列表中
    stu_info_list.append(stu_info_tuple)
# 定义根据姓名查找学生信息的函数
def search_stu_by_name(name):
    for stu in stu_info_list:
        if stu[0] == name:
            return stu
```

```python
    return None
# 计算平均成绩
def calculate_avg_score():
    total_score = 0
    for stu in stu_info_list:
        total_score += stu[3]
    return total_score / len(stu_info_list)
# 统计最高分
def calculate_max_score():
    max_score = max(stu_info_list,key=lambda x:x[3])
    return max_score[3]
# 统计最低分
def calculate_min_score():
    min_score = min(stu_info_list,key=lambda x:x[3])
    return min_score[3]
if __name__ == '__main__':
    # 打印功能菜单
    print('欢迎使用学生成绩管理系统'.center(50,'*'))
    print('1.学生信息录入')
    print('2.学生成绩查询')
    print('3.学生成绩排序')
    print('4.学生成绩统计')
    print('q.退出系统')
    while True:
        num = input('请输入操作编号：')
        if num == '1':
            # 录入学生信息
            insert_stu_info()
        elif num == '2':
            # 通过学生姓名查找学生信息
            name = input('请输入要查询的学生姓名：')
            result = search_stu_by_name(name)
            if result:
                print('姓名：', result[0])
                print('年龄：', result[1])
                print('性别：', result[2])
                print('成绩：', result[3])
            else:
```

```
        print('未查到该同学')
elif num == '3':
    # 按照学生成绩进行排序
    sorted_stu = sorted(stu_info_list, key=lambda x:x[3], reverse=True)
    print('按成绩降序排序后的结果：')
    for stu in sorted_stu:
        print('姓名：', stu[0], ';', '年龄：', stu[1], ';',
            '性别：', stu[2], ';', '成绩：', stu[3])
        print('-'*60)
elif num == '4':
    # 对学生成绩进行统计
    print('学生的平均成绩为：', calculate_avg_score())
    print('学生的成绩最高分为：', calculate_max_score())
    print('学生的成绩最低分为：', calculate_min_score())
elif num == 'q':
    print('已退出系统')
    break
else:
    print('输入有误')
```

（3）程序运行结果

******************欢迎使用学生成绩管理系统******************
1.学生信息录入
2.学生成绩查询
3.学生成绩排序
4.学生成绩统计
q.退出系统
请输入操作编号：1
请输入学生的姓名,年龄,性别,成绩张林,18,男,90
请输入操作编号：1
请输入学生的姓名,年龄,性别,成绩王龙,19,男,95
请输入操作编号：1
请输入学生的姓名,年龄,性别,成绩李芳,18,女,80
请输入操作编号：1
请输入学生的姓名,年龄,性别,成绩赵川,18,男,85
请输入操作编号：2
请输入要查询的学生姓名：王龙

姓名：王龙
年龄：19
性别：男
成绩：95
请输入操作编号：3
按成绩降序排序后的结果：
姓名：王龙；年龄：19；性别：男；成绩：95

姓名：张林；年龄：18；性别：男；成绩：90

姓名：赵川；年龄：18；性别：男；成绩：85

姓名：李芳；年龄：18；性别：女；成绩：80

请输入操作编号：4
学生的平均成绩为：87.5
学生的成绩最高分为：95
学生的成绩最低分为：80
请输入操作编号：q
已退出系统

4.3 字典

字典（dictionary）是一种无序的组合数据类型，它里面的元素以键值对（Key-Value）的形式存在。

4.3.1 字典的创建方式

Python可以使用花括号"{ }"包含多个键值对的方式来创建字典，也可以使用dict()函数创建字典。

（1）使用花括号"{ }"创建字典

使用花括号"{ }"创建字典时，字典中的键（Key）和值（Value）使用冒号连接，每个键值对之间使用逗号分割。例如，创建一个记录学生信息的字典。代码如下：

```
dict_stu = {'name': 'LiLei', 'age': 18, 'tel': '15101000000'}
```

注意：如果花括号中没有键值对，那么会创建一个空字典。

（2）使用dict()函数创建字典

使用dict()函数创建字典时，键和值使用"="进行连接，例如，使用dict()函数创建一个记录学生信息的字典，代码如下：

```
dict(name='LiLei', age=18, tel='15101000000')
```

注意：字典中的键是唯一的，如果创建字典是使用了重复的键值，若使用dict()函数创建，会提示语法错误；若使用花括号创建，键对应的值会被覆盖。

4.3.2 访问字典

因为字典中的键是唯一的，所以可以通过键获取对应的值。例如：

```
dict_stu = {'name': 'LiLei', 'age': 18, 'tel': '15101000000'}
print(dict_stu['name'])        # 获取键为'name'对应的值'LiLei'
print(dict_stu['age'])         # 获取键为'age'对应的值18
print(dict_stu['tel'])         # 获取键为'tel'对应的值'15101000000'
print(dict_stu['addr'])        # 键值'addr'不存在，会引发异常
```

为避免键值不存在引发的异常，在访问字典元素时，可以先使用Python中的成员运算符in检测某个键是否存在，再根据检测结果执行不同的代码。可以将上述代码改为：

```
dict_stu = {'name': 'LiLei', 'age': 18, 'tel': '15101000000'}
print(dict_stu['name'])        # 获取键为'name'对应的值'LiLei'
print(dict_stu['age'])         # 获取键为'age'对应的值18
print(dict_stu['tel'])         # 获取键为'tel'对应的值'15101000000'
if 'addr' in dict_stu:
    print(dict_stu['addr'])
else:
    print('键不存在')
```

运行结果：

```
LiLei
18
15101000000
键不存在
```

4.3.3 字典的基本操作

字典作为一种可变的组合数据类型，可以对集合中的元素进行添加、修改和删除操作。
（1）字典元素的添加和修改

字典支持使用update()方法或通过指定的键添加元素或修改元素。例如：

```
dict_stu = {}
dict_stu.update(stu1 = 'LiLei')            # 使用update()方法添加元素
dict_stu['stu2'] = 'HanMeimei'             # 通过指定键添加元素
print(f'dict_stu修改前：{dict_stu}')
dict_stu.update(stu1 = '李磊')              # 使用update()方法修改元素
dict_stu['stu2'] = '韩梅梅'                 # 通过指定键修改元素
print(f'dict_stu修改后：{dict_stu}')
```

运行结果：

```
dict_stu修改前：{'stu1': 'LiLei', 'stu2': 'HanMeimei'}
dict_stu修改后：{'stu1': '李磊', 'stu2': '韩梅梅'}
```

（2）字典元素的删除

Python支持使用pop()、popitem()和clear()方法删除字典中的元素。pop()方法可根据指定的键值删除字典中的指定元素，若删除成功，该方法返回目标元素的值；popitem()方法可以随机删除字典中的元素，若删除成功，popitem()方法返回目标元素；clear()方法用于清空字典中的元素。例如：

```
dict_stu = {'n001': '李磊', 'n002': '韩梅梅','n003': '王明', 'n004': '张林'}
print(dict_stu.pop('n001'))                # 使用pop()删除指定键为'n001'的元素
print(dict_stu)
print(dict_stu.popitem())                  # 使用popitem()随机删除元素
print(dict_stu)
dict_stu.clear()                           # 使用clear()清空字典中的元素
print(dict_stu)
```

运行结果：

```
李磊
{'n002': '韩梅梅', 'n003': '王明', 'n004': '张林'}
('n004', '张林')
{'n002': '韩梅梅', 'n003': '王明'}
{}
```

（3）字典元素的查询

在前面介绍过可以通过键访问字典中元素的值，除此之外，字典还支持其他的查询操作。使用item()方法可以查看字典的所有元素；使用key()方法可以查看字典中所有的键；使用values()方法返回字典中所有的值。例如：

```
dict_stu = {'n001': '李磊', 'n002': '韩梅梅','n003': '王明', 'n004': '张林'}
print(dict_stu.items())
print(dict_stu.keys())
print(dict_stu.values())
```

运行结果：

```
dict_items([('n001', '李磊'), ('n002', '韩梅梅'), ('n003', '王明'), ('n004', '张林')])
dict_keys(['n001', 'n002', 'n003', 'n004'])
dict_values(['李磊', '韩梅梅', '王明', '张林'])
```

上述结果中的dict_items对象、dict_keys对象和dict_values对象也支持迭代操作。例如：

```
dict_stu = {'n001': '李磊', 'n002': '韩梅梅','n003': '王明', 'n004': '张林'}
for i in dict_stu.items():
    print(i)
```

运行结果：

```
('n001', '李磊')
('n002', '韩梅梅')
('n003', '王明')
('n004', '张林')
```

4.3.4　案例——用户注册登录系统

用户注册登录系统是大多应用程序使用的基础模块。在该系统中，通常会使用字典来存储用户的注册信息。

（1）程序需求

①启动程序后，打印之前已有用户的注册信息，并提示注册创建新的用户。

②用户按照操作提示，输入新注册用户的用户名，如果用户名已经存在，打印注册失败，该用户名已存在；反之，则提示输入新注册用户的密码和性别信息，提交后提示注册成功，并再次打印已有用户的注册信息。

③新用户注册成功后，提示进入用户登录系统，提示用户输入用户名，有三次机会，用户

名检测通过后，提示输入密码，也有三次机会。

④用户名和密码均输入正确后，提示登录成功。

（2）程序代码

```python
# 字典的初始值
users = {'num1':{'name': 'zhx123', 'password': '123456', 'sex': '男'},
     'num2': {'name': 'wxh666', 'password': '654321', 'sex': '男'}}
# 定义存放users字典中name键对应的value值的列表
lists = []
# 用for循环来获取users字典中name键对应的value值
for info in users.values():
    lists.append(info['name'])
print("用户注册之前信息：", users)
print('用户的创建'.center(49, "#"))
print('注册'.center(49, '#'))
name = input("请输入您注册的用户名：")
if not name in lists:
    password = input('请输入注册密码：')
    sex = input('请输入性别：（男/女）')
    i = 'num' + str(len(users)+1)
    users[i] = {"name": name, "password": password, 'sex': sex}
    print('注册成功！')
    print('注册成功后的用户信息：\n',users)

else:
    print("注册失败，该用户名已存在。")
# 登录系统
list1 =[]
list2 = []
for key1, value1 in users.items():
    list1.append(value1['name'])     # 存留用户姓名
    list2.append(value1['password'])  # 存留用户密码
print('用户登录系统'.center(50,'#'))
timeout = 0
timeout2=0
name = input('请输入用户的姓名')
while timeout < 3:
    if not name in list1:
```

```python
        if timeout == 2:
            print("登录次数已满,登录失败!")
            break
    print('该用户不存在,请重新输入。')
    timeout += 1
    print("您还有%d次机会(共有三次机会)" %(3-timeout),'\n')
    name = input("请输入你的姓名:")

else:
    password = input("请输入你的密码:")
    for i in range(len(list1)):
        if name == list1[i] and password == list2[i]:
            print("登录成功!")
            timeout=3
            break
        else:
            if (timeout2 == 2) and (i == len(list1)-1):
                print("登录失败!")
                timeout=3
                break
            if i == len(list1)-1:
                print("密码错误,请重输。")
                timeout2 +=1
                print("您还有%d次机会(共有三次机会)" % (3 - timeout2), '\n')
```

(3)程序运行结果

用户注册之前信息: {'num1': {'name': 'zhx123', 'password': '123456', 'sex': '男'}, 'num2': {'name': 'wxh666', 'password': '654321', 'sex': '男'}}
#####################用户的创建#####################
#####################注册#####################
请输入您注册的用户名:lxt888
请输入注册密码:888888
请输入性别:(男/女)女
注册成功!
注册成功后的用户信息:
{'num1': {'name': 'zhx123', 'password': '123456', 'sex': '男'}, 'num2': {'name': 'wxh666', 'password': '654321', 'sex': '男'}, 'num3': {'name': 'lxt888', 'password': '888888', 'sex': '女'}}

####################用户登录系统####################
请输入用户的姓名lxt111
该用户不存在，请重新输入。
您还有2次机会（共有三次机会）

请输入你的姓名：lxt888
请输入你的密码：111111
密码错误，请重输。
您还有2次机会（共有三次机会）

请输入你的密码：888888
登录成功！

4.4 集合

集合(set)是一种无序不可重复的序列，它和字典类似，都是把元素放到大括号"{ }"里，只不过集合中的元素不是以键值对的形式存在。

4.4.1 集合的创建方式

Python中的集合分为可变集合与不可变集合，可变集合由set()函数创建，也可以由大括号"{ }"直接创建，集合中的元素可以动态地增加或删除；不可变集合由frozenset()函数创建，集合中的元素不可改变。这两个函数的参数都是可迭代对象。例如：

```
set1 = set()                          # 没传入可迭代对象，创建一个空集合
set2 = set([1, 2, 3, 4])              # 传入一个列表，创建可变集合
set3 = {1, 2, 3, 4}                   # 使用大括号创建可变集合
set4 = set(('a', 'b', 'c', 'd'))      # 传入一个元组，创建可变集合
frozenset1 = frozenset([1, 2, 3, 4])  # 传入一个列表，创建可变集合
frozenset2 = frozenset(('a', 'b', 'c', 'd'))  # 传入一个元组，创建可变集合
```

4.4.2 集合操作与操作符

（1）集合元素的添加、删除和清空

Python中的可变集合支持添加、删除和清空元素这些基本操作。使用add()方法可以向可变集合中添加一个元素，使用update()方法可以向可变集合中添加多个元素。Python中可以使用remove()方法、discard()方法和pop()方法删除可变集合中的元素，这些方法的区别是，remove()方法删除可变集合中的指定元素，若元素不存在，则会出现KeyError错误；discard()方法也可以删除可变集合中的指定元素，若指定元素不存在，该方法不执行任何操作；pop()方法用于删除可变集合中的随机元素。Python中还可以使用clear()方法清空可变集合中的元素。

① 添加元素

```
set1 = set()              # 创建一个空集合
set1.add('py')            # 向集合中添加一个元素'py'
set1.update('thon')       # 将'thon'拆分成多个元素（'t', 'h', 'o', 'n'）添加到集合中
print(set1)
```

运行结果：

{'py', 'n', 'o', 't', 'h'}

② 删除元素

```
set_del = {'c', 'c++', 'c#', 'java', 'python'}
set_del.remove('c++')     # 删除指定元素
print(set_del)
set_del.discard('c#')     # 删除指定元素
set_del.discard('abc')    # 指定的元素不存在，不执行任何操作
print(set_del)
set_del.pop()             # 随机删除元素
print(set_del)
```

运行结果：

{'c#', 'java', 'c', 'python'}
{'java', 'c', 'python'}
{'c', 'python'}

③ 清空集合

```
set_clear = {'c', 'c++', 'c#', 'java', 'python'}
set_clear.clear()
print(set_clear)
```

运行结果：

set()

（2）集合类型的操作符

Python支持通过操作符|、&、–、^对集合进行联合、取交集、差补和对称差分操作。

①联合操作符（|）。联合操作符是将集合合并成一个新的集合。例如：

```
set_a = {'a', 'c'}
set_b = {'b', 'c'}
print(set_a | set_b)
```

运行结果：

{'c', 'a', 'b'}

②交集操作符（&）。交集操作是将集合中相同的元素提取为一个新的集合。例如：

```
set_a = {'a', 'c'}
set_b = {'b', 'c'}
print(set_a & set_b)
```

运行结果：

{'c'}

③差补操作符（–）。差补操作是保留只属于参加运算的左操作数的元素作为一个新的集合。例如：

```
set_a = {'a', 'c'}
set_b = {'b', 'c'}
print(set_a – set_b)
print(set_b – set_a)
```

运行结果：

{'a'}
{'b'}

④对称差分操作符（^）。对称差分操作是将只属于两个操作数的元素组成一个新的集合。例如：

```python
set_a = {'a', 'c'}
set_b = {'b', 'c'}
print(set_a ^ set_b)
```

运行结果：

```
{'b', 'a'}
```

4.4.3 实例——英语生词本

背单词是英语学习中最基础的一环，不少学生在背诵单词的过程中会整理自己的生词本，以不断拓展自己的词汇量。本实例要求编写生词本程序。

（1）程序需求

①查看生词列表功能：输出生词本中全部的单词；若生词本中没有单词，则提示"生词本内容为空"。

②背单词功能：从生词列表中取出一个单词，要求用户输入相应的翻译，输入正确提示"太棒了"，输入错误提示"再想想"。

③添加新单词功能：用户分别输入新单词和翻译，输入完成后展示添加的新单词和翻译，并提示用户"单词添加成功"。若用户输入的单词已经存在于生词本中，提示"此单词已存在"。

④删除单词功能：展示生词列表，用户输入单词以选择要删除的生词，若输入的单词不存在提示"删除的单词不存在"，生词删除后提示"删除成功"。

⑤清空生词本功能：查询生词列表，若列表为空提示"生词本内容为空"，否则清空生词本中的全部单词，并输出提示信息"生词本已清空"。

⑥退出生词本功能：退出生词本。

（2）程序代码

```python
# 定义一个集合，用于保存生词本中的单词
vocabulary = set()
# 查看生词列表
def show_vocabulary():
    if len(vocabulary) == 0:
        print('生词本内容为空')
    else:
        print(vocabulary)
# 背单词
def memorize_word():
    # 如果生词本为空
    if not vocabulary:
```

```python
        print('生词本为空，请先添加单词')
        return
    for item in vocabulary:
        word, meaning = item
        answer = input('请输入%s的翻译：' % word)
        while True:
            if answer == meaning:
                print('太棒了，回答正确')
                break
            else:
                answer = input('再想想,请重新输入：')
# 添加新单词
def add_word():
    word = input('请输入新单词：')
    meaning = input('请输入单词翻译：')
    if word in vocabulary:
        print('此单词已存在')
    else:
        vocabulary.add((word, meaning))
        print('单词添加成功')
        print("%s: %s" % (word, meaning))
# 删除单词
def delete_word():
    show_vocabulary()
    word = input('请输入要删除的单词：')
    for item in vocabulary:
        if item[0] == word:
            vocabulary.remove(item)
            print('删除成功')
            break
    else:
        print('删除的单词不存在')
# 清空生词本
def clear_vocabulary():
    if len(vocabulary) == 0:
        print('生词本内容为空')
    else:
        vocabulary.clear()
```

```python
        print('生词本清空成功')
# 主程序
if __name__ == '__main__':
    print('*'*40)
    print('欢迎使用生词本')
    print('1.查看生词本')
    print('2.背单词')
    print('3.添加新单词')
    print('4.删除单词')
    print('5.清空生词本')
    print('6.退出生词本')
    print('*'*40)
    while True:
        case = input('请输入功能编号：')
        if case == '1':
            show_vocabulary()
        elif case == '2':
            memorize_word()
        elif case == '3':
            add_word()
        elif case == '4':
            delete_word()
        elif case == '5':
            clear_vocabulary()
        elif case == '6':
            print('已退出单词本')
            break
        else:
            print('输入有误，请重新输入')
```

（3）程序运行结果

```
****************************************
欢迎使用生词本
1.查看生词本
2.背单词
3.添加新单词
4.删除单词
```

5.清空生词本
6.退出生词本
****
请输入功能编号：1
生词本内容为空
请输入功能编号：3
请输入新单词：adapt
请输入单词翻译：适应
单词添加成功
adapt: 适应
请输入功能编号：3
请输入新单词：assess
请输入单词翻译：评估
单词添加成功
assess: 评估
请输入功能编号：3
请输入新单词：boost
请输入单词翻译：提高
单词添加成功
boost: 提高
请输入功能编号：3
请输入新单词：dismiss
请输入单词翻译：撤销
单词添加成功
dismiss: 撤销
请输入功能编号：1
{('assess', '评估'), ('boost', '提高'), ('adapt', '适应'), ('dismiss', '撤销')}
请输入功能编号：2
请输入assess的翻译：评估
太棒了，回答正确
请输入boost的翻译：提高
太棒了，回答正确
请输入adapt的翻译：适合
再想想,请重新输入：适应
太棒了，回答正确
请输入dismiss的翻译：撤销
太棒了，回答正确
请输入功能编号：4

{('assess', '评估'), ('boost', '提高'), ('adapt', '适应'), ('dismiss', '撤销')}
请输入要删除的单词：assess
删除成功
请输入功能编号：1
{('boost', '提高'), ('adapt', '适应'), ('dismiss', '撤销')}
请输入功能编号：5
生词本清空成功
请输入功能编号：1
生词本内容为空
请输入功能编号：6
已退出单词本

第5章 面向对象编程基础

知识要点：
理解面向对象的概念，明确类和对象的含义。
掌握类的定义与使用的方法。
熟练创建对象、访问对象成员。
掌握实现成员访问限制的意义，可熟练访问受限成员。
了解构造方法与析构方法的功能与定义方式。
熟悉类方法与静态方法的定义与使用。
掌握类的继承与方法的重写。
熟悉多态的意义。

面向对象是程序开发领域中的重要思想，这种思想模拟了人类认识客观世界的逻辑，是当前计算机软件工程学的主流方法，类是面向对象的实现手段。Python在设计之初就已经是一门面向对象语言，了解面向对象编程思想对于学习Python开发至关重要。本章将针对类与面向对象等知识进行详细介绍。

5.1 面向对象

5.1.1 面向对象概述

面向对象把数据及对数据的操作方法放在一起，作为一个相互依存的整体——对象。对同类对象抽象出其共性，形成类。类中的大多数数据，只能用本类的方法进行处理。类通过一个简单的外部接口与外界发生关系，对象与对象之间通过消息进行通信。程序流程由用户在使用中决定。对象即为人对各种具体物体抽象后的一个概念，人们每天都要接触各种各样的对象，如手机就是一个对象。

5.1.2 面向对象的基本概念

在介绍如何实现面向对象之前，这里先普及一些面向对象涉及的概念。

（1）类

具有相同特性（数据元素）和行为（功能）的对象的抽象就是类。因此，对象的抽象是类，类的具体化就是对象，也可以说类的实例是对象，类实际上就是一种数据类型。类具有属性，它是对象的状态的抽象，用数据结构来描述类的属性。类具有操作，它是对象的行为的抽象，用操作名和实现该操作的方法来描述。

（2）对象

对象是人们要进行研究的任何事物，它不仅能表示具体的事物，还能表示抽象的规则、计划或事件。对象具有状态，一个对象用数据值来描述它的状态。对象还有操作，用于改变对象的状态，对象及其操作就是对象的行为。对象实现了数据和操作的结合，使数据和操作封装于对象的统一体中。

（3）抽象

抽象是指剥离事物的诸多特性，使其只保留最基本的物质的过程。在面向对象编程中，使用类进行对象建模时就会用到抽象的技巧。

（4）封装

在面向对象编程中，对象将变量和方法集中在一个地方，即对象本身。封装还可以隐藏类的内部数据，避免客户端代码直接进行访问。

（5）继承

将公共的属性和方法放到父类中，自己只考虑特有的属性和方法覆盖父类的方法。继承即重写父类方法，在运行中只会调用子类中重写的方法不用调用父类中的方法。子类拥有一个父类叫作单继承，子类可以拥有多个父类，并且具有所有父类的属性和方法。

（6）多态

多态指的是一类事物具有多种形态，只有存在父子类关系才会让一类事物具有多种不同的形态，因而多态的前提是必须要实现继承。在多态的实现过程中，经常会使用抽象类。

5.2 类与对象

通过上一小节的学习我们知道，类与对象是面向对象的思想中提出的两个概念。类是对多个对象共同特征的抽象描述，是对象的模板；对象用于描述现实中的个体，它是类的具体实例。

5.2.1 类的定义

Python类定义的语法是使用class关键字和类名来定义一个类，然后在类中定义属性和方法。属性也称为成员变量，用于描述对象的特征。方法也称为成员函数，用于描述对象的行为。Python中类定义的格式如下：

```
class 类名:              #使用class定义类
    属性名 = 属性值       #定义属性
    def 方法名(self):    #定义方法
        方法体
```

注意，上述格式中类名的首字母一般大写。下面定义一个Student类，代码如下：

```
class Student:
    core_business = 'study'              # 属性
    def __init__(self, number, name, age):   # 方法
        self.number = number
        self.name = name
        self.age = age
    def print_info(self):                # 方法
        print(f'该学生信息如下：{self.number,self.name,self.age}')
```

5.2.2 对象的创建与使用

类定义完成后不能直接使用，因为类是一个抽象化的东西，需要将类实例化为具体对象才能实现其意义。

（1）对象的创建

创建对象的格式如下：

```
对象名=类名([参数列表])
```

例如，创建一个5.2.1节中定义的Student类的对象student1，代码如下：

```
student1 = Student('001','LiLei',18)
```

（2）访问对象成员

访问对象成员分为访问对象属性和访问对象方法。访问对象成员的格式如下：

```
对象名.属性名         # 访问对象属性
对象名.方法()         # 访问对象方法
```

按照上述格式访问Student类对象student1的成员，代码如下：

```
print(f'学生的主业是：{student1.core_business}')
student1.print_info()
```

运行结果：

```
学生的主业是：study
该学生信息如下：('001', 'LiLei', 18)
```

5.2.3 访问限制

类中定义的属性和方法默认是公有的,该类的对象可以任意访问类的公有成员,但考虑到封装的思想,类中的代码不能被外部代码轻易访问。为了契合封装原则,Python支持将类中的成员设置为私有成员,在一定程度上限制对象成员的访问。

(1)定义私有成员

Python通过在类成员名之前添加双下划线(__)来限制成员的访问权限,语法格式如下:

```
__属性名
__方法名
```

定义一个包含私有属性__foot_num和私有方法__info()的类AnimalInfo,代码如下:

```python
class AnimalInfo:
    __foot_num = 4          # 私有属性
    def __info(self):       # 私有方法
        print(f'这类动物有{self.__foot_num}只脚')
```

(2)私有成员的访问

创建AnimalInfo类的对象animal,通过该对象访问类的私有属性和私有方法,都会报出AttributeError错误。由此可见,对象无法直接访问类的私有成员。那么就要通过下列方法访问私有成员。

①访问私有属性。私有属性可以在公有方法中通过指代类本身的默认参数self访问,类外部可通过公有方法间接访问类的私有属性。实例代码如下:

```python
class AnimalInfo:
    __foot_num = 4          # 私有属性
    def __info(self):       # 私有方法
        print(f'这类动物有{self.__foot_num}只脚')
    def get_foot_num(self):
        print(f'动物有{self.__foot_num}只脚')
animal = AnimalInfo()
animal.get_foot_num()
```

运行结果:

```
动物有4只脚
```

②访问私有方法。私有方法同样在公有方法中通过self访问。示例代码如下:

```python
class AnimalInfo:
    __foot_num = 4                  # 私有属性
    def __info(self):               # 私有方法
        print(f'这类动物有{self.__foot_num}只脚')
    def get_foot_num(self):
        print(f'动物有{self.__foot_num}只脚')
        self.__info()               # 访问私有方法
animal = AnimalInfo()
animal.get_foot_num()
```

运行结果：

动物有4只脚
这类动物有4只脚

5.3 构造方法与析构方法

类中有两个特殊的方法，构造方法__init__()和析构方法__del__()。这两个方法分别在类的对象创建和销毁时自动调用。

5.3.1 构造方法

构造方法是一种特殊方法(init)，以两个下划线开头，两个下划线结尾，用于类的初始化。每个类都有一个默认的构造方法，如果类中定义了构造方法，在定义对象时会自动调用构造方法；如果定义类时没有显式定义构造方法，那么Python解释器会调用默认的构造方法。构造方法按照有无参数（self除外）可分为无参构造方法和有参构造方法。构造方法通常用来初始化对象变量。

无参的构造方法在定义时，参数列表中第一个参数需要加上self，程序默认会把对象本身当做参数传给self。例如：

```python
class Student:
    def __init__(self):             # 定义一个无参构造方法
        self.name = 'LiLei'         # 初始化对象变量
    def fun(self):
        print(self.name)
stu = Student()
stu.fun()
```

运行结果：

LiLei

有参的构造方法在定义时，参数列表中除了默认参数self外，还可以定义一些形式参数。例如：

```python
class Student:
    def __init__(self, name, age, addr):    #定义一个有参构造方法
        self.name = name
        self.age = age
        self.addr = addr
    def fun(self):
        print(f'姓名：{self.name}，年龄：{self.age}，地址：{self.addr}')
stu = Student('LiLei',18,'BeiJing')
stu.fun()
```

运行结果：

姓名：LiLei，年龄：18，地址：BeiJing

5.3.2 析构方法

析构方法的构成和构造方法是一样的(__del__())，作用是在一个对象调用完成后，将对象释放掉。在介绍析构方法时，先了解一下Python的垃圾回收机制。垃圾回收机制作为现代编程语言的自动内存管理机制，专注于两件事：找到内存中无用的垃圾资源；清除这些垃圾并把内存让出来给其他对象使用。当一个对象有新的引用时，它的引用计数（ob_refcnt）就会增加，当引用它的对象被删除，它的ob_refcnt就会减少，当引用计数为0时，该对象生命就结束了，就会将该对象视为垃圾进行回收。getrefcount()函数是sys模块中用于统计对象引用数量的函数，其返回结果通常比预期的结果大1，这是因为getrefcount()函数也会统计临时对象的引用。例如：

```python
import sys
class Test:
    def __init__(self):
        print('对象被创建')
    def __del__(self):
        print('对象被释放')
test = Test()
print(sys.getrefcount(test))
```

运行结果：

对象被创建
2
对象被释放

从运行结果可以看出，对象被创建以后，其引用计数器的值变为2，由于返回引用计数器的值时会增加一个临时引用，因此对象引用计数器的值实际为1。

5.4 类方法和静态方法

类中的方法可以有三种定义形式，像5.2.1小节中直接定义的方法，只比普通函数多一个self参数，是类最基本的方法，这种方法称为实例方法，它只能通过类实例化的对象调用。除此之外，Python中的类还可定义使用@classmethod修饰的类方法和使用@staticmethod修饰的静态方法，下面对这两种方法分别进行介绍。

5.4.1 类方法

类方法就是针对类对象定义的方法。在类方法内部可以直接访问类属性或者调用其他的类方法。类方法定义的语法格式如下：

```
@classmethod
def 类方法名(cls):
    方法体
```

类方法具有以下特点：
①类方法需要用修饰器@classmethod来标识，告诉python解释器这是一个类方法。
②类方法的第一个参数应该是cls，它代表类本身。
③类方法既可由对象调用，也可以由类直接调用。
④类方法可以修改类属性。
类方法定义和调用的示例代码：

```
class Student:              # 定义一个Student类
    number = 0              # 定义类属性
    def add_one(self):      # 定义实例方法
        self.number = 1
    @classmethod
    def add_two(cls):       # 定义类方法
        cls.number =2
stu = Student()             # 创建一个对象stu
stu.add_one()               # 类对象调用实例方法
```

```
print(Student.number)
stu.add_two()              #类对象调用类方法
print(Student.number)
Student.add_two()          #类调用类方法
print(Student.number)
```

运行结果:

```
0
2
2
```

在上述程序结果中,在实例方法add_one()中通过"self.number"重新为number赋值了,为什么number值仍然是0?这是因为这个赋值只是对stu对象属性赋值,而非对类属性重新赋值。

5.4.2 静态方法

在编写程序时,如果需要在类中封装一个方法,这个方法既不需要访问实例属性或者调用实例方法,也不需要访问类属性或者调用类方法,这个时候,可以把这个方法封装成一个静态方法。静态方法定义的语法格式如下:

```
@staticmethod
def 静态方法名(cls):
    方法体
```

静态方法具有以下特点:
① 静态方法需要用修饰器@staticmethod来标识,告诉解释器这是一个静态方法。
② 静态方法在定义时不需要指定第一个参数。
③ 静态方法既可由对象调用,也可以直接由类调用。
静态方法的定义和调用的示例代码:

```
class Panda:
    @staticmethod
    def eat():                 #定义一个静态方法
        print('熊猫爱吃竹子')
panda = Panda()
panda.eat()                    #对象调用静态方法
Panda.eat()                    #类调用静态方法
```

运行结果：

熊猫爱吃竹子
熊猫爱吃竹子

5.5 继承和多态

继承和多态也是面向对象语言的重要特征，下面对它们进行详细介绍。

5.5.1 继承

在生活中，大家都应该听过继承这个词，比如子承父业。那么在Python中类与类之间也可以建立继承关系，在Python中所有的类都默认继承object类，因此object类也被称为基类,其他的类称为派生类，在Python中继承就是子类可以继承父类中的方法和属性。

定义一个动物类Animal作为父类和一个肉食性动物子类Carnivore，代码如下：

```
class Animal:
    name = '动物'
    def eat(self):
        print('我可以吃食物')
    def move(self):
        print('我可以运动')
class Carnivore(Animal):
    def features(self):
        print('我喜欢吃肉')
carnivore = Carnivore()         # 创建类的实例化对象
print(carnivore.name)           # 访问父类属性
carnivore.eat()                 # 访问父类方法
carnivore.features()            # 使用自身方法
```

运行结果：

动物
我可以吃食物
我喜欢吃肉

子类可以继承父类的属性和方法，若父类的方法不能满足子类的要求，子类可以重写父类的方法，以实现理想的功能。在上面的Carnivore子类中重新定义eat()方法，代码如下：

```
    def eat(self):
        print('我最喜欢吃肉类食物')
```

执行carnivore.eat()代码时，运行结果为：

我最喜欢吃肉类食物

如果子类重写了父类的方法，但仍希望调用父类的方法，可以借助于super()函数，该函数使用的格式如下：

super().方法名

使用super()函数在Carnivore类中调用Animal类的eat()方法，代码如下：

```
class Carnivore(Animal):
    def features(self):
        print('我喜欢吃肉')
    def eat(self):
        print('我最喜欢吃肉类食物')
        print("="*20)
        super().eat()
```

再次使用carnivore对象调用eat()方法，代码如下：

```
carnivore = Carnivore()       #创建类的实例化对象
carnivore.eat()               #访问父类方法
```

运行结果：

我最喜欢吃肉类食物
====================
我可以吃食物

从运行结果可以看出，通过super()函数可以访问被重写的父类方法。

5.5.2 多态

多态指的是一类实物有多种形态，定义多态是一种使用对象的方式，子类重写父类方法，调用不同子类对象的相同父类方法，可以产生不同的执行结果。多态依赖继承，子类方法必须要重写父类方法,首先定义一个父类,其可能拥有多个子类对象,当我们调用一个公共方法时,传递的对象不同,则返回的结果不同。例如:

```python
class Fruit:
    def makejuice(self):
        print('我可以用来榨果汁')
class Apple(Fruit):
    def makejuice(self):
        print('我可以用来榨苹果汁')
class Banana(Fruit):
    def makejuice(self):
        print('我可以用来榨香蕉汁')
class Orange(Fruit):
    def makejuice(self):
        print('我可以用来榨橘子汁')
def service(obj):          # 定义一个接口函数,在函数中调用了对象obj的makejuice()方法
    obj.makejuice()
apple = Apple()
service(apple)             # 接收Apple类的对象
banana = Banana()
service(banana)            # 接收Banana类的对象
orange = Orange()
service(orange)            # 接收Orange类的对象
```

运行结果:

我可以用来榨苹果汁
我可以用来榨香蕉汁
我可以用来榨橘子汁

分析运行结果,同一函数会根据参数的类型去调用不同的方法,从而产生不同的结果。

中篇
Python数据挖掘实战

第 6 章 Python 实现一个网站的简单搜索引擎

第 7 章 Python 网络爬虫

第6章　Python实现一个网站的简单搜索引擎

> **知识要点：**
> 掌握Django框架的结构。
> 熟悉Django框架开发应用的流程。

数据挖掘是指从大量的数据中通过一些算法寻找隐藏于其中重要实用信息的过程。Python是一种面向对象的解释性计算机程序设计语言，拥有高效的高级数据结构，并且能够用简单又高效的方式进行编程。Python是目前比较适合做数据挖掘的语言，因为数据挖掘需要的工具在目前来看Python基本都已经具备，并且在稳步的发展。Python可以制作出色的爬虫工具来进行数据挖掘。在这一部分将通过实现一个网站的简单搜索引擎和如何实现Python网络爬虫两部分内容，让大家对Python实现数据挖掘有个基本的认识。

搜索引擎，就是根据用户需求与一定算法，运用特定策略从互联网检索出指定信息反馈给用户的一门检索技术。本章将借助于Django框架构建一个简单的搜索引擎网站。Django是Python Web开发领域中常用的一个免费开源框架，使用这个框架可以快速开发Python Web应用程序。

6.1　项目准备

在开发搜索引擎网站前先要做一些准备工作，包括创建项目文件、安装Django框架、创建Django项目、创建Django应用、配置Django应用、启动开发服务器等。

6.1.1　创建项目文件

使用PyCharm新建一个名为django_search的项目文件，用于保存项目。

6.1.2　安装Django框架和第三方模块bs4

在使用Django框架和第三方模块bs4之前，必须先进行安装。
可以使用pip命令在PyCharm的Terminal终端安装2.2版本的Django，安装命令如下：

```
pip install django==2.2
```

安装成功后，可以在Terminal中看到"Installing collected packages:diango Successfully installed django-2.2"的提示。

同样可以使用pip命令在PyCharm的Terminal终端安装bs4，安装命令如下：

```
pip install beautifulsoup4
```

安装成功后，可以在Terminal中看到"Successfully installed Beautifulsoup4-4.9.1 soupsieve-2.0.1"的提示。

6.1.3 创建Django项目

在Django框架中创建名为search_engines的Django项目的命令如下：

```
django-admin startproject search_engines
```

执行完以上命令后，可以在PyCharm中查看search_engines项目的目录结构，如图6-1所示。

图6-1中search_engines项目下各文件的作用如下：

①search_engines目录：与项目同名，这是项目容器，包含项目的配置文件。

②__init__.py文件：一个空文件，告诉 Python 该目录是一个 Python 包。

③settings.py文件：该 Django 项目的设置/配置。

④urls.py文件：该 Django 项目的 URL 声明，一份由 Django 驱动的网站"目录"，用于配置用户请求的URL与View模块中函数的对应关系。

⑤wsgi.py文件：一个 WSGI(WSGI:Web服务器网关接口,Python Web Server Gateway Interface，缩写为WSGI。是为Python语言定义的Web服务器和Web应用程序或框架之间的一种简单而通用的接口) 兼容的 Web 服务器的入口，以便运行你的项目。

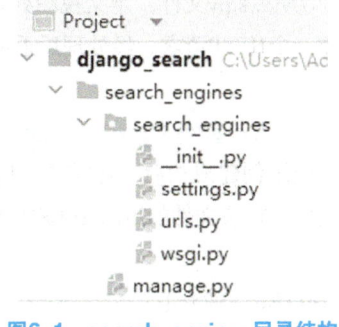

图6-1　search_engines目录结构

⑥manage.py:一个实用的命令行工具，可让你以各种方式与该 Django 项目进行交互。

6.1.4 创建应用

Django框架通过应用来管理整个网站项目。一个网站中包含多个子业务模块，例如在本项目中使用search应用管理搜索功能。创建search应用的命令如下：

```
python manage.py startapp search
```

注意：使用该命令前应先通过"cd search_engines"命令跳转到"manage.py"所在的目录。

执行应用创建的命令后，可以在项目目录下看到新增的search目录，如图6-2所示。search目录下各文件及目录的作用如下：

①migrations目录：存放数据库的中间文件，该目录中包含了应用程序的数据迁移。迁移可

使Django跟踪模块变化内容，并相应地同步数据库。

②_init_.py文件：空文件，指定当前目录可以作为包使用。

③admin.py文件：应用的后台管理配置文件，后期可通过该文件管理模型和数据库，可在该文件中注册模型，并将其纳入至Django管理站点中——使用Django管理站点为可选项。

④apps.py文件：应用的属性配置文件，该文件中包含了应用程序中的主要配置内容，比如Django生成的app名称。

⑤models.py文件：Models与模型相关的映射文件，所有的Django应用程序都需要设置该文件，其中包含了应用程序的数据模型；但该文件也可被置空。

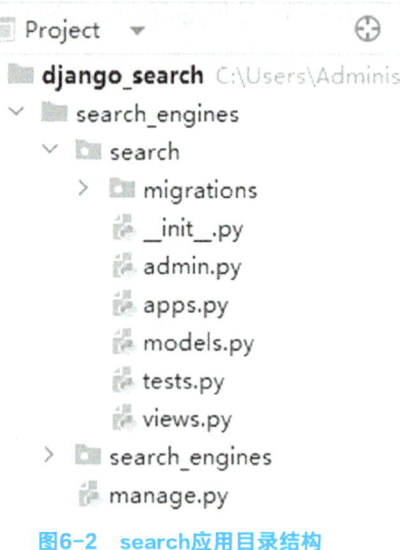

图6-2　search应用目录结构

⑥tests.py文件：应用的单元测试文件，可在该文件中添加应用程序测试。

⑦views.py文件：定义视图处理函数的文件，该文件中包含了应用程序逻辑内容，每个视图接收一个HTTP请求，经处理后返回一个响应结果。

6.1.5　配置Django应用

应用创建成功后，还需要在Django项目中进行配置后才能使用。打开search_engines/setting.py文件，在该文件的INSTALLED_APPS中安装search应用，具体代码如下：

```
INSTALLED_APPS = [
  'django.contrib.admin',
  'django.contrib.auth',
  'django.contrib.contenttypes',
  'django.contrib.sessions',
  'django.contrib.messages',
  'django.contrib.staticfiles',
  'search',
]
```

6.1.6　启动开发服务器

项目应用配置完成后，通过Django开发服务器检测是否成功，启动开发服务器的命令如下：

```
python manage.py startapp search
```

Django启动成功后，会在控制台输出如图6-3所示的信息。

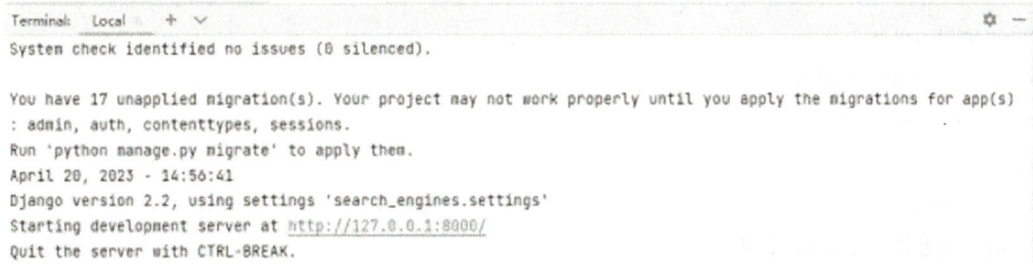

图6-3 启动开发服务器

图6-3中的信息包含一个URL地址 http://127.0.0.1:8000/，单击该地址，如果浏览器能够正常访问Django服务器页面，则出现如图6-4所示的界面，说明Django服务器启动成功。

图6-4 开发服务器正常访问

6.2 编写视图函数

Django项目的业务逻辑主要通过views.py中的视图函数实现。定义视图函数时第一个参数必须是一个HttpRequest对象。并且通常称之为request。每个视图都会返回一个HttpResponse对象，其中包含生成的响应。每个视图函数都负责返回一个HttpResponse对象。Django使用请求和响应对象来通过系统传递状态。当浏览器向服务端请求一个页面时，Django创建一个HttpRequest对象，该对象包含关于请求的元数据。然后，Django加载相应的视图，将这个HttpRequest对象作为第一个参数传递给视图函数。每个视图负责返回一个HttpResponse对象。

打开search/views.py文件，定义视图函数index()。具体代码如下：

```python
from django.shortcuts import render,redirect
import re
import urllib.request
from bs4 import BeautifulSoup
import urllib.parse
import time
def index(request):
    msg = '欢迎使用百科搜索引擎！'
    if request.method == 'POST':
        try:
            search_item = request.POST.get('username')   # 获取搜索框内容
            url = 'https://baike.baidu.com/item/' + urllib.parse.quote(search_item)
            # 向浏览器发起http请求返回的response对象是http.client. HTTPResponse类型
            html = urllib.request.urlopen(url)
            content = html.read().decode('utf-8')    # 读取response对象内容
            html.close()
            soup = BeautifulSoup(content, 'html.parser')
            text = soup.find('div', class_='lemma-summary J-summary').children
            print('search reault:')
            words_list = []
            for s in text:
                word = re.sub(re.compile(r'<(.+?)>'), '', str(s))
                words = re.sub(re.compile(r'\[(.+?)\]'), '', str(word))
                print(words, '\n')
                words_list.append(words.strip())
            words_str = ''.join(words_list)
            time.sleep(5)
            # 对模板内容进行替换
            return render(request, 'index.html', {'info': words_str,'msg': msg})
        except AttributeError:
            print('Failed!Please enter more in details:')
            return render(request, 'index.html', {'msg': msg})
    else:
        msg = '欢迎使用百科搜索引擎！'
        return render(request, 'index.html', {'msg': msg})
```

上述代码中，第12行代码构造url的时候使用了urllib.parse.quote()函数，因为，按照标准URL只允许一部分ASCII字符，其他字符（如汉字）是不符合标准的，本项目在构造URL的过程中要使用到中文，此时要进行编码就需要借助该函数。第17行代码中BeautifulSoup(content, 'html.parser')构造方法可以从HTML或XML文件中提取数据，得到一个文档对象，第二个参数为文档解析器，若不传入该参数，BeautifulSoup会自行选择最合适的解析器来解析文档，不过会有警告提示。第18行代码中soup.find('div', class_='lemma-summary J-summary')获取标签为div、class属性值为"lemma-summary J-summary"的节点内容，通过children获取所有的子节点。第22行和第23行使用正则表达式模块去除无需显示的字符。

6.3 设计模板文件

Django框架使用模板系统负责前端网页的设计，通常情况下在项目目录下创建子目录templates，并将静态文件放置到此目录中。

在该项目中，首先需要在search_engines目录下创建templates文件夹与static，然后将准备好的index.html文件放置到templates目录下，将index.css文件放置到static目录下，如图6-5所示。

templates文件夹与静态文件设置完成后，还需要在django的setting.py文件中进行设置，以便views视图中的函数关联静态文件。

打开search_engines/settings.py文件找到设置项TEMPLATES，在DIRS设置项中设置创建的templates路径，具体如下：

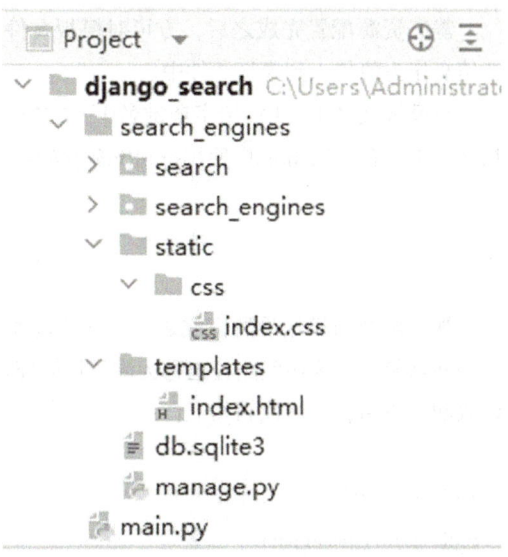

图6-5 创建templates与static文件夹

```
TEMPLATES = [
    {
        'BACKEND': 'django.template.backends.django.DjangoTemplates',
        'DIRS': [os.path.join(BASE_DIR,'templates')],
        'APP_DIRS': True,
        'OPTIONS': {
            'context_processors': [
                'django.template.context_processors.debug',
                'django.template.context_processors.request',
                'django.contrib.auth.context_processors.auth',
                'django.contrib.messages.context_processors.messages',
            ],
        },
    },
]
```

为保证index.html文件能够正确引入index.css文件，需要在settings.py中设置static文件夹路径，具体如下：

```
STATIC_URL = '/static/'
STATICFILES_DIRS=[
  os.path.join(BASE_DIR,'static')
]
```

静态资源配置完成之后，方可对模板文件进行传值操作，在该项目中，将搜索引擎搜索到的信息作为值传入到模板文件中。

在模板文件中使用"{{字典键名}}"方式表示变量，例如在index()函数中将info的值传递到模板文件中，在index.html中使用<p>{{info}}</p>显示。

6.4 配置访问路由

视图函数与模板设置完成之后，还不能通过浏览器访问前端页面，这是因为此时还没有配置访问路径，配置访问路径也称为配置访问路由。该项目中使用了index()函数，因此需要为这个函数配置路由，具体代码如下：

```
from django.contrib import admin
from django.urls import path
from search import views
urlpatterns = [
  path('admin/', admin.site.urls),
  path('index/', views.index)
]
```

6.5 功能演示

首先启动Django开发服务器，然后在浏览器中输入访问路径http://127.0.0.1:8000/index/，效果如图6-6所示。

图6-6 搜索引擎界面

在搜索框中输入"北京",点击搜索按钮,在百度百科中搜索到的"北京"词条内容便会显示在搜索结果下方,如图6-7所示。

图6-7 搜索结果

第7章　Python网络爬虫

知识要点：
了解网络爬虫的概念，熟悉网络爬虫的基本流程。
熟悉静态网站爬虫的开发过程。
熟悉XPath Helper插件的安装和使用方法。
熟悉动态网站爬虫的开发过程。
熟悉Chrome浏览器的WebDriver驱动程序安装方法。
熟悉Selenium的WebDriver类提供的对元素定位的方法。
了解Scrapy框架，熟悉Scrapy框架的架构。
掌握Scrapy框架的安装方式以及使用Scrapy框架开发爬取网页的流程。

网络爬虫（又称为网页蜘蛛，网络机器人，在FOAF社区中间，更经常的称为网页追逐者），是一种按照一定的规则，自动地抓取万维网信息的程序或者脚本。互联网上有着成千上万的网页，并且网页内容是千变万化的。尽管如此，使用Python开发网络爬虫程序的基本流程是相同的，大致可以分为如下3个步骤。

（1）抓取网页数据

抓取网页数据是指按照预先设定的目标，根据目标网页的URL向网站发送请求，并获得整个网页的数据。抓取网页数据的过程类似于用户在浏览器中输入网址，按下回车键后看到完整页面的过程。

（2）解析网页数据

解析网页数据是指采用不同的解析网页的方法从整个网页的数据中提取出目标数据。类似在浏览器中看到网站的整个网页，但是你需要提取你需要的信息。

（3）存储数据

存储数据的过程比较简单，就是将提取的目标数据以文件的形式存放到本地，也可以存储到数据库，方便后期对数据进行深入研究。

本章将从抓取静态网页数据、抓取动态网页数据和如何使用Scrapy网络爬虫框架三个方面对Python网络爬虫进行介绍。

7.1　静态网站爬虫——采集豆瓣读书网图书信息

我们以豆瓣读书静态网站作为案例进行静态网站爬虫练习，网站链接为:https://book.douban.

com/top250，这个网站里面包含一些图书信息。网站首页如图7-1所示：

图7-1　豆瓣读书首页

本节将演示如何抓取豆瓣读书网站中指定页数的图书信息，这些信息包括图书名称、图书信息（作者、出版社、出版日期和定价）和图书评价。最后将抓取的这些信息存放到一个json文件中。

7.1.1　项目创建

使用PyCharm新建一个名为static_crawler的项目，用于存放项目文件。如图7-2所示。

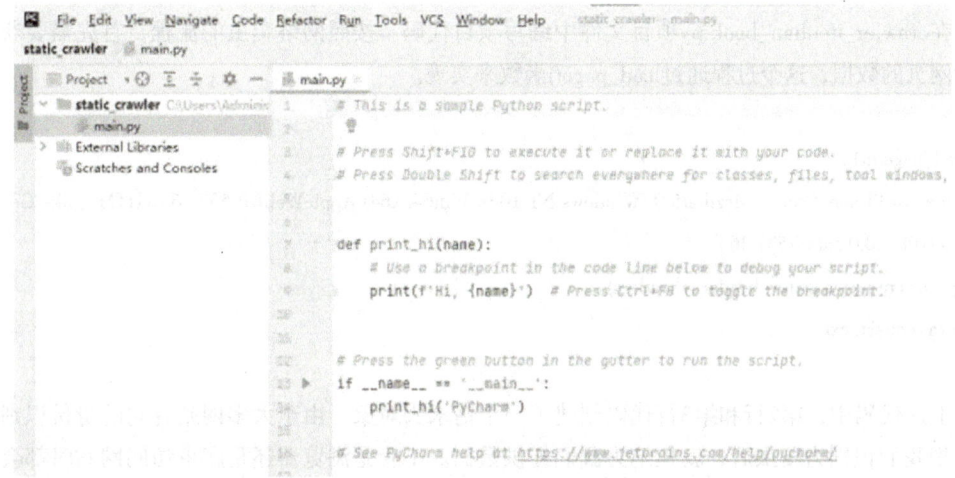

图7-2　新建static_crawler项目

7.1.2 创建项目文件

在static_crawler项目中创建名为crawler_douban_book.py的项目文件。如图7-3所示。

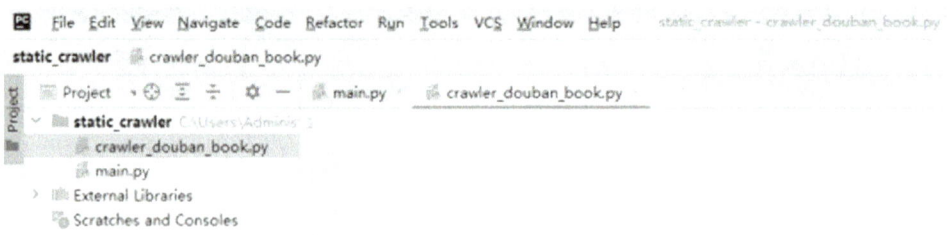

图7-3 创建项目文件

7.1.3 安装第三方模块

该项目中需要进行网络请求访问，还要解析HTML文档对象，所以需要安装第三方模块requests和lxml。

在PyCharm的Terminal终端安装requests模块的pip命令如下：

```
pip install requestes
```

在PyCharm的Terminal终端安装lxml模块的pip命令如下：

```
pip install lxml
```

安装成功后，均会出现"Successfully installed"字样。

7.1.4 编写项目代码

在crawler_douban_book.py项目文件中编写项目代码。按照网络爬虫的流程，首先需要获取整个网页的数据，这个过程通过load_page()函数来实现。

```
def load_page(url):
    headers = {'User-Agent': 'Mozilla/5.0 (Windows NT 10.0; Win64; x64) AppleWebKit/537.36 (KHTML, like Gecko) Chrome/108.0.0.0 Safari/537.36'}
    request = requests.get(url,headers=headers)
    return request.text
```

上述代码中，第2行和第3行代码创建了一个请求头对象，由于大多网站有它的身份识别功能，把我们识别为爬虫后，就拒绝为我们提供数据。不管是浏览器还是爬虫访问网站时都会带上一些信息用于身份识别。而这些信息都被存储在一个叫请求头(request headers)的地方。而这个请求头中我们只需要了解其中的一个叫user-agent(用户代理)的就可以了。user-agent里包含了操作系统、浏览器类型、版本等信息，通过修改它我们就能成功地伪装成浏览器。

要找到user-agent，首先打开浏览器，随便打开一个网站，再打开开发者工具。再点击网络标签，接着点第一个请求，再找到Request Headers，最后找到user-agent字段(有时可能点击network标签后是空白，这时刷新下网页就可以看到)。如图7-4所示。

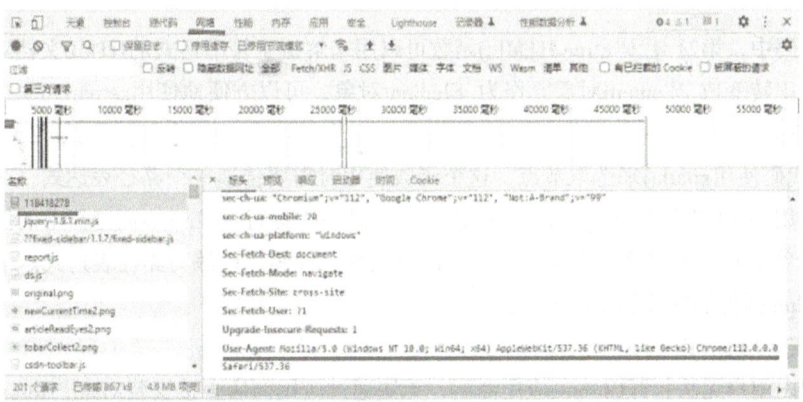

图7-4　查看user-agent字段

第4行代码中requests.get()函数返回本次请求的服务器响应结果，这个返回值是一个Response对象。第5行代码request.text是将Response对象转换为http响应内容的字符串(str)形式。

其次，定义解析html网页内容的parse_html()函数。

```
def parse_html(html):
    text = etree.HTML(html)
    node_list = text.xpath('//tr[contains(@class,"item")]/td[2]')
    items = []      # 定义空列表，以保存元素的信息
    for node in node_list:
        try:
            # 图书名称
            name = node.xpath('./div[1]/a[1]/text()')[0].strip()
            # 图书信息
            book_info = node.xpath('./p/text()')[0]
            # 图书评价
            assessment = node.xpath('./div[2]/span/text()')[0]\
                +node.xpath('./div[2]/span/text()')[1]        assessment_new = re.sub(r'\s','',assessment)
            #构建Json格式的字符串
            item = {
                '图书名称': name,
                '图书信息': book_info,
                '图书评价': assessment_new,
            }
```

```
        items.append(item)
    except Exception as e:
        pass
return items
```

上述代码中,第2行代码etree.HTML()函数可以用来解析字符串格式的HTML文档对象,将传进去的字符串转变成_Element对象。作为_Element对象,可以方便地使用getparent()、remove()、xpath()等方法。

第3行代码使用xpath()来选取节点,这个函数使用时需要传递一个路径表达式,编写路径表达式可以使用XPath开发工具XPath Helper插件。它是一款运行在Chrome浏览器上的插件,它支持在网页上单击元素生成路径表达式,也支持对照网页代码手动编写路径表达式。下面介绍一下XPath Helper插件的安装和使用方法。

(1)安装XPath Helper插件

由于国内用户无法打开Chrome应用商店,无法通过应用商店直接安装XPath Helper插件。所以我们使用下载到本地的XPathHelper.crx文件进行安装。具体步骤如下。

①在网上下载XPath Helper插件,下载的大多是压缩包,要先解压压缩包。

②打开chrome页面,点击:右上角三个点 > 更多工具 > 扩展程序,将开发者模式打开。如图7-5所示。

图7-5 扩展程序界面

③将解压的文件拖入扩展程序界面,可以看到该界面中增加了扩展程序XPath Helper。如图7-6所示。

图7-6 XPath Helper插件添加成功后界面

④单击扩展程序图标，可以看到已经添加的XPath Helper插件，如图7-7所示。

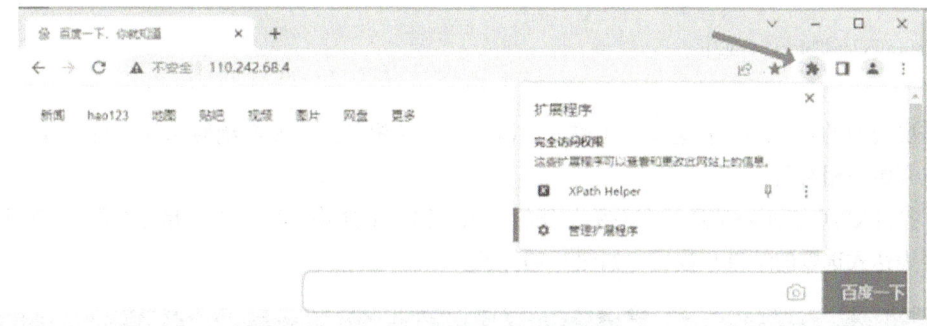

图7-7　打开扩展程序

⑤在图7-7中点击XPath Helper可以看到在浏览器顶部弹出一个XPath Helper界面，如图7-8所示。

图7-8　XPath Helper界面

（2）使用XPath Helper插件

下面以本项目中豆瓣读书网站页面为例，分步演示如何使用XPath Helper工具测试路径表达式，具体步骤如下：

①在浏览器中输入网址https://book.douban.com/top250打开豆瓣读书页面，在该页面上单击鼠标右键，弹出快捷菜单，在该菜单中选择"检查"。页面右侧弹出元素的面板，并定位到页面图书元素代码位置，具体如图7-9所示。

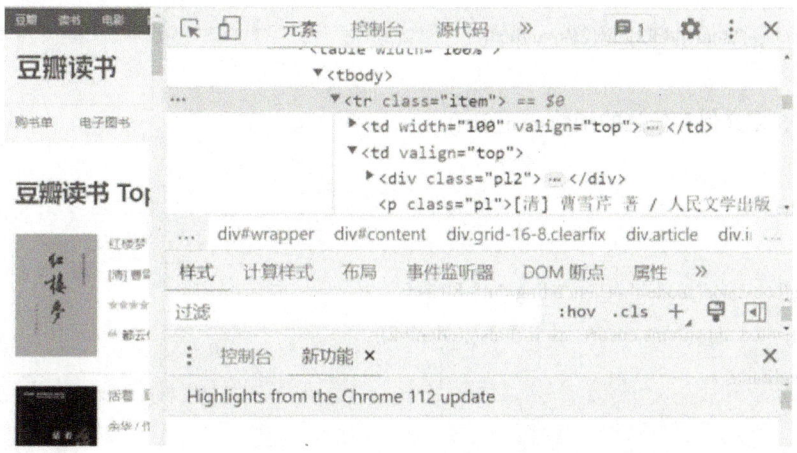

图7-9　豆瓣读书图书元素源代码位置

②分析图7-9中元素的层次结构后,推断出页面图书信息元素的最终路径表达式可以为:

//tr[contains(@class,"item")]/td[2]

需要说明的是,路径表达式并不唯一,既可以是从根节点开始的绝对路径,也可以是从任意节点开始的相对路径。

③打开XPath Helper工具,在左侧的编辑区域中输入上述路径表达式。此时右侧区域中展示了路径表达式选取的结果及数目,如图7-10所示。

图7-10　路径表达式选取的结果及数目

采用同样的方法可以推断出图书名称、图书信息和图书评价的路径表达式,并使用XPath Helper工具进行测试。

图书名称路径表达式:

//tr[contains(@class,"item")]/td[2]/div[1]/a[1]/text()

图书信息路径表达式:

//tr[contains(@class,"item")]/td[2]/p/text()

图书评价路径表达式:

//tr[contains(@class,"item")]/td[2]/div[2]/span/text()

接下来,定义保存信息的函数save_file()。

```python
def save_file(items):
    try:
        with open(book.json',mode='w+',encoding='utf-8') as f:
            f.write(json.dumps(items,ensure_ascii=False,indent=2))
    except Exception as e:
        print(e)
```

上述代码中，第3行代码使用with语句访问资源，with语句适用于对资源进行访问的场合，无论资源在使用过程中是否发生异常，都可以使用with语句保证执行释放资源操作，该语句返回一个上下文管理器对象。第4行代码json.dumps()将一个Python数据结构转换为JSON，第二个参数ensure_ascii默认值为True，输出为ASCII码，如果将值置为False，就可以输出中文，第四个参数indent=2表示我们想要缩进的值为2（源码里面默认是无缩进的）。

接下来，定义爬虫函数book_crawler()。

```python
def book_crawler(begin_page,end_page):
    li_data = []
    for page in range(begin_page,end_page+1):
        url = f'https://book.douban.com/top250?start={25*(page-1)}'
        file_name = '正在请求第' + str(page) + '页'
        print(file_name)
        html = load_page(url)
        data = parse_html(html)
        li_data += data
        print(f'li_data:{li_data}')
    save_file(li_data)
    print('完成爬虫')
```

上述代码中，可以根据传递给函数的起始页码和终止页码来爬取需要的信息。

最后，编写"if __name__ == '__main__':"语句。

```python
if __name__ == '__main__':
    begin_page = int(input('请输入起始页码：'))
    end_page = int(input('请输入结束页码：'))
    book_crawler(begin_page,end_page)
```

运行程序，会将爬取的结果存放到book.json文件中，同时也会在log中打印爬取信息。如图7-11和图7-12所示。

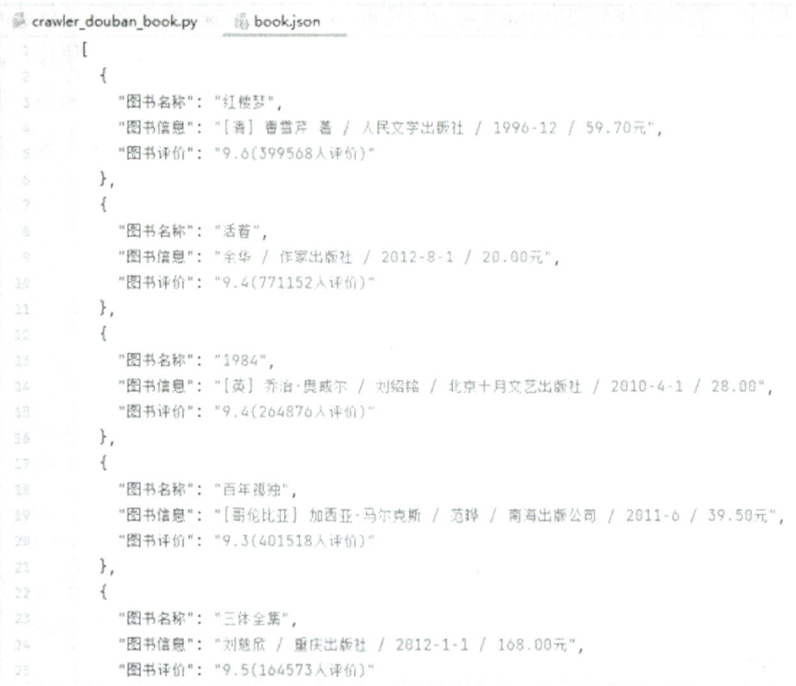

```
crawler_douban_book.py   book.json
[
    {
        "图书名称": "红楼梦",
        "图书信息": "[清] 曹雪芹 著 / 人民文学出版社 / 1996-12 / 59.70元",
        "图书评价": "9.6(399568人评价)"
    },
    {
        "图书名称": "活着",
        "图书信息": "余华 / 作家出版社 / 2012-8-1 / 20.00元",
        "图书评价": "9.4(771152人评价)"
    },
    {
        "图书名称": "1984",
        "图书信息": "[英] 乔治·奥威尔 / 刘绍铭 / 北京十月文艺出版社 / 2010-4-1 / 28.00",
        "图书评价": "9.4(264876人评价)"
    },
    {
        "图书名称": "百年孤独",
        "图书信息": "[哥伦比亚] 加西亚·马尔克斯 / 范晔 / 南海出版公司 / 2011-6 / 39.50元",
        "图书评价": "9.3(401518人评价)"
    },
    {
        "图书名称": "三体全集",
        "图书信息": "刘慈欣 / 重庆出版社 / 2012-1-1 / 168.00元",
        "图书评价": "9.5(164573人评价)"
```

图7-11 保存爬取信息的book.json文件

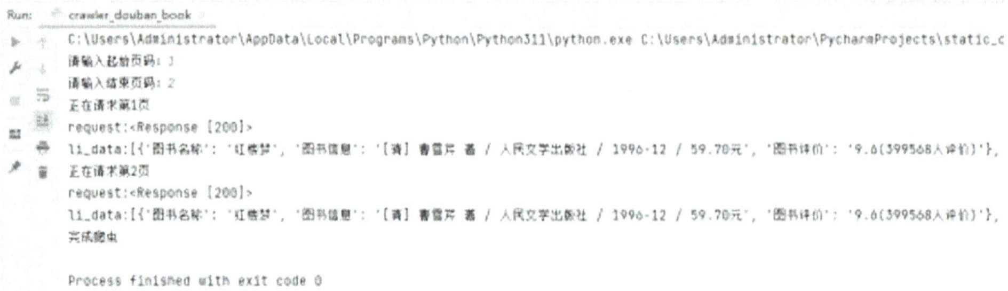

```
Run: crawler_douban_book
C:\Users\Administrator\AppData\Local\Programs\Python\Python311\python.exe C:\Users\Administrator\PycharmProjects\static_c
请输入起始页码: 1
请输入结束页码: 2
正在请求第1页
request:<Response [200]>
li_data:[{'图书名称': '红楼梦', '图书信息': '[清] 曹雪芹 著 / 人民文学出版社 / 1996-12 / 59.70元', '图书评价': '9.6(399568人评价)'},
正在请求第2页
request:<Response [200]>
li_data:[{'图书名称': '红楼梦', '图书信息': '[清] 曹雪芹 著 / 人民文学出版社 / 1996-12 / 59.70元', '图书评价': '9.6(399568人评价)'},
完成爬虫

Process finished with exit code 0
```

图7-12 程序运行的log信息

7.2 动态网站爬虫——采集当当网上图书信息

我们以当当网动态网站作为案例进行动态网站爬虫练习，网站链接为:https://book.dangdang.com。网站首页如图7-13所示。

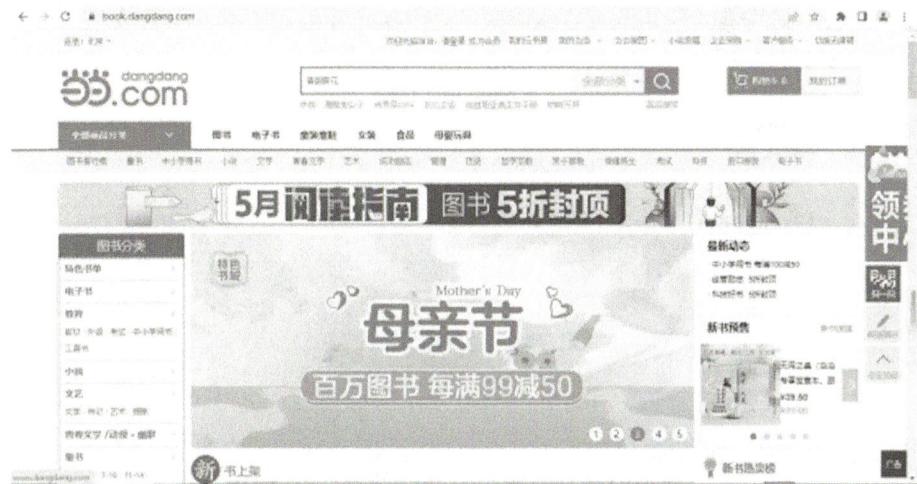

图7-13 当当网首页

本节将演示如何抓取当当网中程序设计基础这类图书信息，这些信息包括图书名称、图书作者、图书价格和图书链接。最后将抓取的这些信息存放到一个csv文件中。

7.2.1 项目创建

使用PyCharm新建一个名为DynamicPages的项目，用于存放项目文件。如图7-14所示。

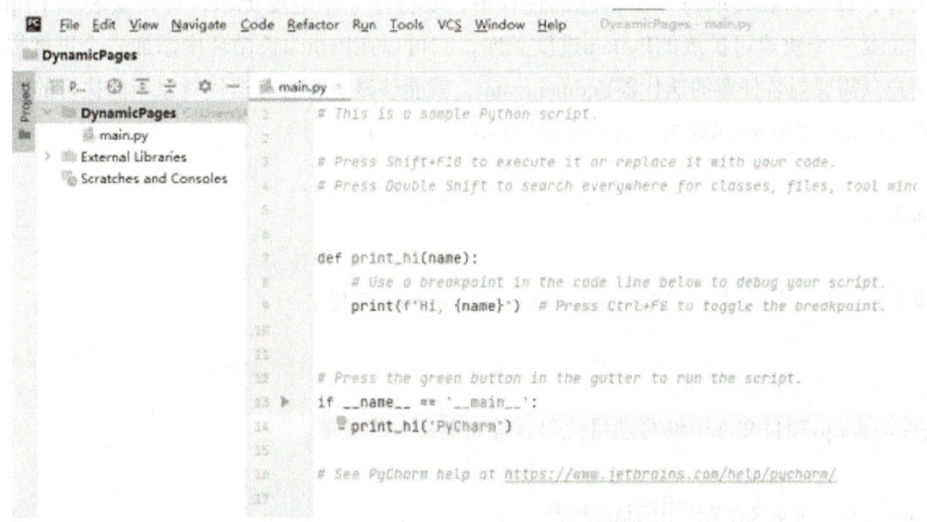

图7-14 创建DynamicPages的项目

7.2.2 创建项目文件

在DynamicPages项目中创建名为crawler.py的项目文件。如图7-15所示。

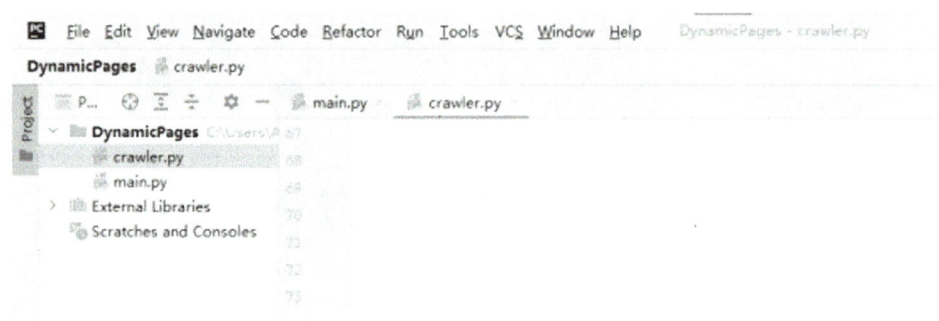

图7-15 创建项目文件

7.2.3 安装第三方模块

该项目中需要模拟用户使用浏览器完成一些动作,包括自动加载页面、输入搜索文本、网页滚动和点击下一页等操作,需要安装第三方自动化测试工具模块selenium。

在PyCharm的Terminal终端安装selenium模块的pip命令如下:

```
pip install selenium==3.141.0
```

安装成功后,均会出现"Successfully installed selenium"字样。

另外,该项目在爬取每一页信息的过程中,要打印一个进度提示,可以安装一个tqdm模块,tqdm是一个快速可扩展的Python进度条库,它可以在Python长循环中添加一个进度提示信息。用户只需要封装任意的迭代器Eqdmciterator,就能够显示所有可迭代对象当前执行的进度。

在PyCharm的Terminal终端安装tqdm模块的pip命令如下:

```
pip install tqdm
```

安装成功后,均会出现"Successfully installed tqdm"字样。

7.2.4 编写项目代码

在crawler.py项目文件中编写项目代码。首先定义一些变量。

```
books_info_list = []  # 定义存放图书信息的列表
books_num = 500  # 抓取500本
books_head = ['书名', '作者', '价格', '链接']  # 定义表头
books_path = 'C:\\Users\\Administrator\\Downloads\\result.csv'  # csv文件的路径和名字
```

接下来,编写get_books_info()函数,该函数可以爬取所要搜索的图书信息,包括图书书名、作者、价格、链接。

```
# 获取图书书名、作者、价格、链接
def get_books_info(books):
    books_name = books.find_element_by_css_selector('a[class="pic"]').get_property('title')
    books_author = books.find_element_by_css_selector(
        'p[class="search_book_author"]>span>a').get_property('title')
    books_price = books.find_element_by_css_selector('span[class="search_now_price"]')
    books_href = books.find_element_by_css_selector('a[class="pic"]').get_property('href')
    return books_name,books_author,books_price,books_href
```

上述代码中主要是使用Selenium的WebDriver类提供的方法定位元素。每种浏览器都对应一个特定的WebDriver驱动程序，用于实现Selenium与浏览器之间的交互。不同浏览器使用的驱动程序不同，下面以Chrome浏览器为例，介绍如何安装Chrome浏览器的驱动程序，具体步骤如下：

①单击Chrome浏览器右上角的"⋮"按钮，打开自定义及控制Google Chrome的菜单，在该菜单中选择"帮助"→"关于Google Chrome"，打开"关于Chrome"页面，如图7-16所示。

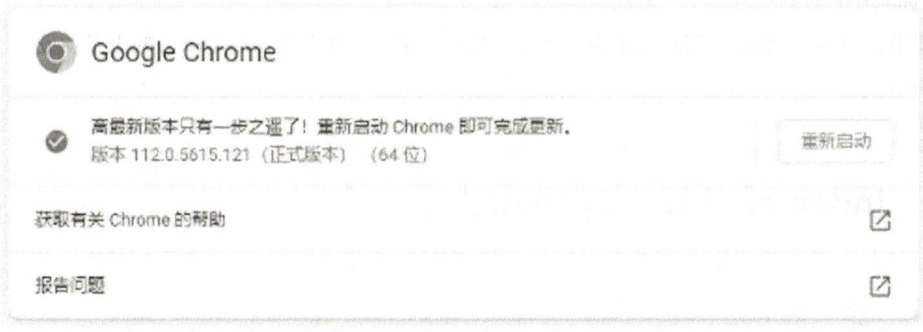

图7-16 "关于Chrome"页面

由图7-16可知，当前使用的Chrome浏览器的版本号为112。

②得知Chrome浏览器的版本号后，便可以到ChromeDriver官方网站（https://chromedriver.chromium.org/downloads）下载与Chrome浏览器版本对应的ChromeDriver。ChromeDriver的下载列表页面如图7-17所示。

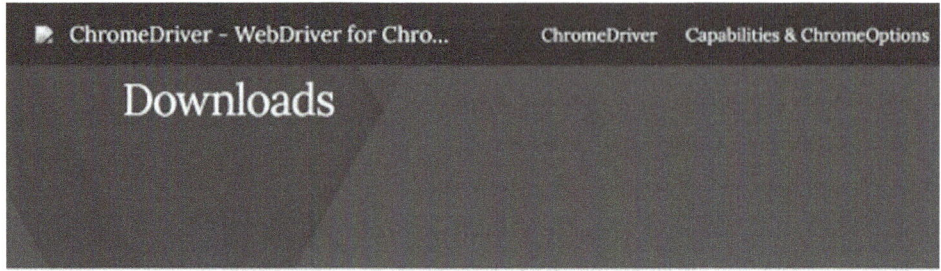

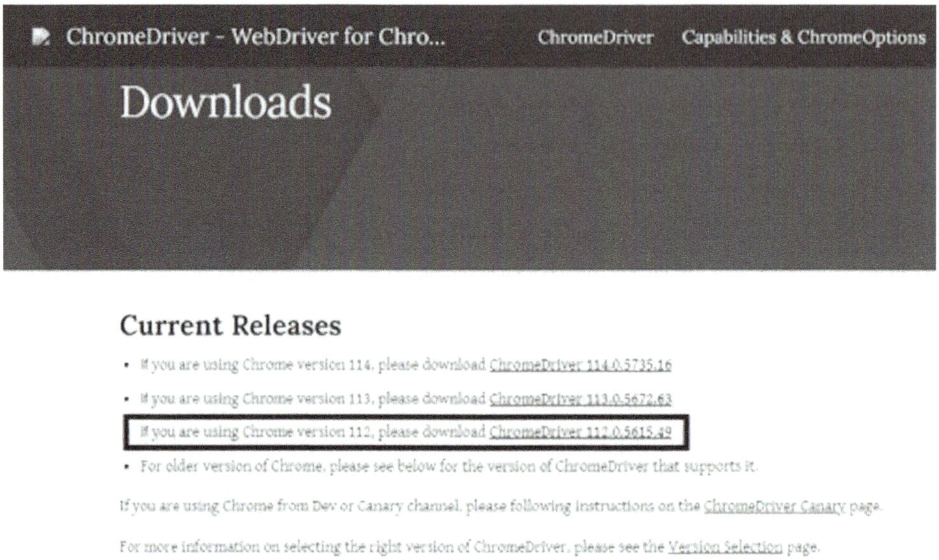

图7-17 ChromeDriver的下载列表页面

由于当前使用112版本的Chrome浏览器，所以我们在这里选择下载图7-17中标注的112版本的ChromeDriver。

③单击图7-17中的"ChromeDriver 112.0.5615.49"，进入ChromeDriver的下载页面，如图7-18所示。

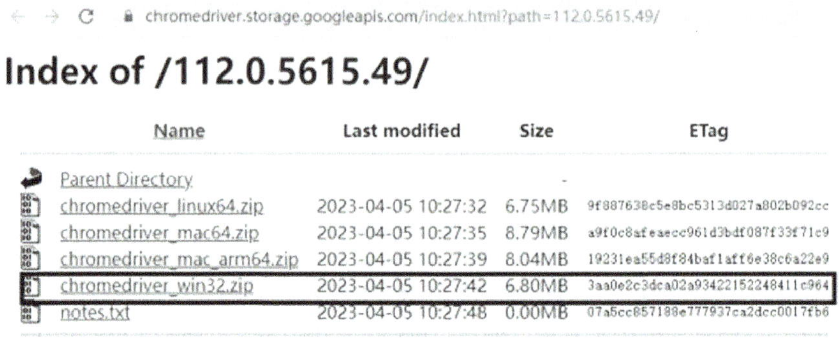

图7-18 ChromeDriver的下载页面

图7-18显示了Linux、macOS以及Windows操作系统的ChromeDriver的下载链接，其中chromedriver_win32.zip为支持Windows系统的ChromeDriver的下载链接。另外，通过图7-18中的note.txt文件可以查看当前ChromeDriver版本支持的浏览器版本。

④单击图7-18中的"chromedriver_win32.zip"链接，下载ZIP格式的压缩包到本地。解压后便可得到chromedriver.exe程序，并将该应用程序保存至python.exe所在的目录下。

Chrome浏览器的WebDriver驱动程序安装成功后，就可以使用Selenium的WebDriver类提供的方法进行元素的定位。这些方法按照元素的数量可以分为定位单个元素和定位多个元素。WebDriver类中定位单个元素的方法如表7-1所示。

表7-1 WebDriver类中定位单个元素的方法

方法	说明
find_element()	通过指定方式定位元素
find_element_by_id()	通过id属性定位元素
find_element_by_name()	通过name属性定位元素
find_element_by_xpath()	通过XPath路径表达式定位元素
find_element_by_link_text()	通过链接文本定位元素
find_element_by_partial_link_text()	通过部分链接文本定位元素
find_element_by_tag_name()	通过标签名定位元素
find_element_by_class_name()	通过class属性定位元素
find_element_by_css_selector()	通过CSS选择器定位元素

表7-1中的所有方法都会返回WebElement类的对象,该对象用于描述网页上的一个元素。需要注意的是,表7-1中的方法只能定位第一次出现的元素。

如果希望定位符合条件的所有元素,就需要使用定位多个元素的方法。定位多个元素的方法名称与定位单个元素的方法名称类似,只需要将element设为复数形式elements即可。另外,定位多个元素的方法的返回值是包含所有元素的列表。

本项目的上述代码中通过CSS选择器定位元素,以定位图书名称为例,在HTML中图书名称对应的元素如图7-19所示。

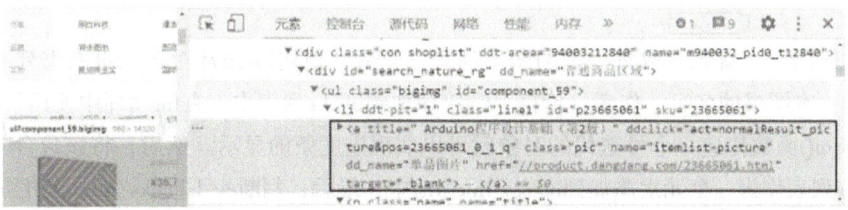

图7-19 图书名称对应的元素

在Selenium中使用find_element_by_css_selector('a[class="pic"]')来定位,标签名为a,class="pic"。这个方法返回一个WebElement对象,然后通过get_property('title')来获取图书名称。

接下来,编写drop_down()函数,这个函数的功能是将滚动条调整至可以定位下一页按钮的位置,以实现对搜索结果翻页。代码如下:

```
def drop_down(web_driver):
    # 将滚动条调整至可以定位下一页按钮的位置
    web_driver.execute_script('window.scrollTo(0,document.body.scrollTop=200)')
    time.sleep(3)
```

接下来，编写爬取一页内容的函数crawl_a_page()，该函数将爬取的信息加入存放图书信息的列表books_info_list中。代码如下：

```python
# 爬取一页内容
def crawl_a_page(web_driver,books_num):
    # 获取图书列表
    drop_down(web_driver)
    books_list = web_driver.find_elements_by_css_selector('div[id="search_nature_rg"]>ul>li')
    # 获取一个图书的名字、作者、价格、链接
    for i in tqdm(range(len(books_list))):
        books_num -=1
        books_name,books_author,books_price,books_href = get_books_info(books_list[i])
        books = []
        books.append(books_name)
        books.append(books_author)
        books.append(books_price.text)
        books.append(books_href)
        books_info_list.append(books)
        if books_num == 0:
            break
    return books_num
```

上述代码中，首先获取每一页的图书列表，然后，使用for循环对每一页图书列表进行遍历，将每一本图书的名字、作者、价格、链接添加到books列表中，在for循环中使用了tqdm()函数，给tqdm()函数传递一个可迭代的对象就可以实现进度条的显示。然后，将该包含一本书信息的books列表作为一个元素添加到books_info_list中，最后，判断一下books_num的值是否为0，如果为0，说明抓取的图书数量已经达到指定的数量，就无需将该页图书信息遍历完，提前结束for循环。crawl_a_page()函数最后返回books_num，此时的books_num代表还剩余多少图书需要爬取。

接下来，编写保存爬取的图书信息的函数def write_csv()，该函数的功能是将爬取的图书信息保存到csv文件中。代码如下：

```python
def write_csv(csv_head,csv_content,csv_path):
    with open(csv_path,'w',newline='',encoding='utf-8') as file:
        fileWriter = csv.writer(file)
        fileWriter.writerow(csv_head)
        fileWriter.writerows(csv_content)
        print('成功爬取信息')
```

上述代码中使用了with语句,该语句的用法在7.1节中已经介绍。

最后,编写"if __name__ == '__main__':"语句。代码如下:

```python
if __name__ == '__main__':
    driver = webdriver.Chrome()
    driver.get('https://book.dangdang.com/')  # 加载页面
    time.sleep(3)
    search_input = driver.find_element_by_id('key_S')  # 定位搜索框
    search_input.send_keys('程序设计基础')  # 向输入框里输入搜索内容
    form_filed = driver.find_element_by_id('form_search_new')
    search_button = form_filed.find_element_by_class_name('button')  # 定位搜索按钮
    search_button.click()  # 实现点击
    while books_num != 0:
        books_num = crawl_a_page(driver, books_num)
        btn = driver.find_element_by_css_selector('li[class="next"]')
        btn.click()
    write_csv(books_head, books_info_list, books_path)
```

上述代码中,第2行代码是创建了一个Chrome浏览器对象driver,第3行代码通过调用driver的get()方法来加载当当网页面。

运行程序,会将爬取的结果存放到result.csv文件中,同时也会在log中打印爬取的进度信息。如图7-20和图7-21所示。

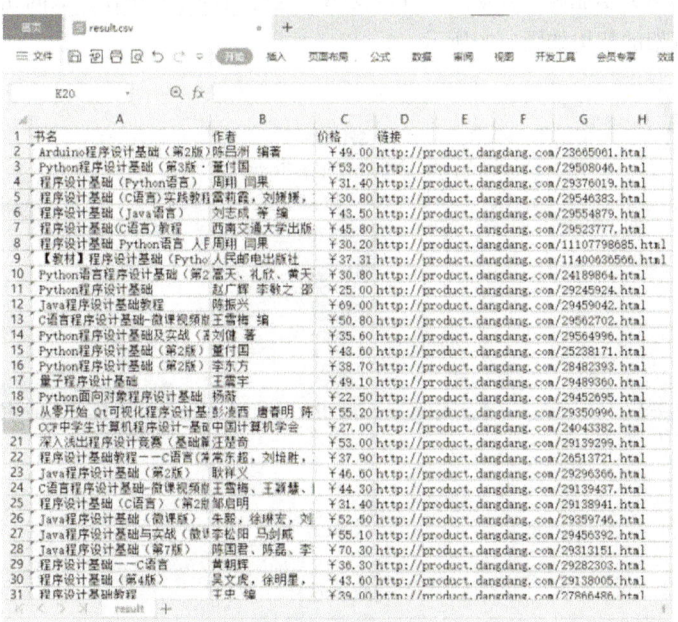

图7-20　保存爬取信息的result.csv文件

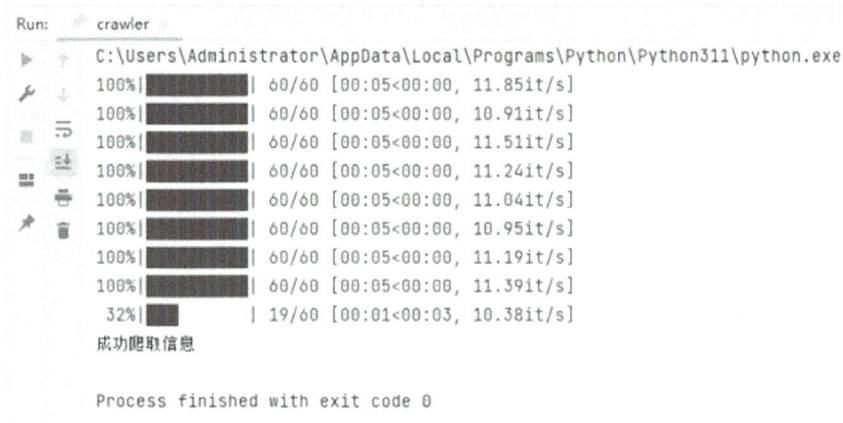

图7-21　log信息

7.3　网络爬虫框架Scrapy

随着网络爬虫的应用越来越多,互联网上涌现了一些网络爬虫框架。这些框架对网络爬虫的一些常用功能和业务逻辑进行了封装。在这些基础上我们只需要按照需求添加少量代码,就可以实现一个网络爬虫。Scrapy爬虫是Python开发的一个快速、高层次的屏幕抓取和web抓取框架,用于抓取web站点并从页面中提取结构化的数据。Scrapy爬虫是目前比较流行的Python网络爬虫框架之一。本节将针对Scrapy框架的相关知识进行简单介绍。

7.3.1　Scrapy框架架构

Scrapy框架的强大功能离不开众多组件的支撑。这些组件相互协作,共同完成整个采集数据的任务。Scrapy框架的架构如图7-22所示。

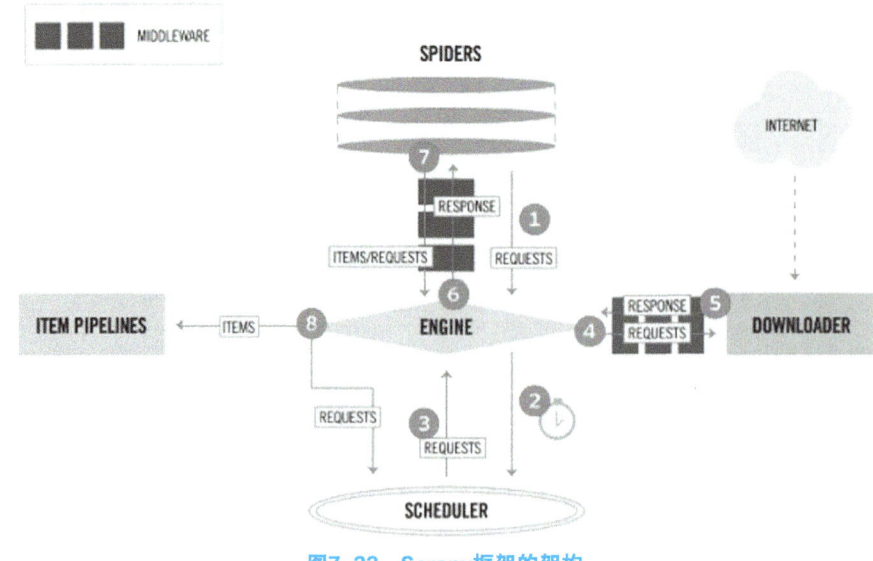

图7-22　Scrapy框架的架构

（1）组件说明

①引擎(EGINE)：引擎负责控制系统所有组件之间的数据流，并在某些动作发生时触发事件。

②调度器(SCHEDULER)：用来接受引擎发过来的请求，压入队列中，并在引擎再次请求的时候返回。可以想象成一个URL的优先级队列，由它来决定下一个要抓取的网址是什么，同时去除重复的网址。

③下载器(DOWLOADER)：用于下载网页内容，并将网页内容返回给EGINE，下载器是建立在twisted这个高效的异步模型上的。

④爬虫(SPIDERS)：SPIDERS是开发人员自定义的类，用来解析responses，并且提取items，或者发送新的请求。

⑤项目管道(ITEM PIPLINES)：在items被提取后负责处理它们，主要包括清理、验证、持久化（比如存到数据库）等操作。

⑥下载器中间件(Downloader Middlewares)：位于Scrapy引擎和下载器之间，主要用来处理从EGINE传到DOWLOADER的请求request，已经从DOWNLOADER传到EGINE的响应response。

⑦爬虫中间件(Spider Middlewares)：位于EGINE和SPIDERS之间，主要工作是处理SPIDERS的输入（即responses）和输出（即requests）。

（2）流程解析

①引擎从爬虫获取初始Requests。

②引擎将该Requests放入调度器中，并请求下一个Requests来爬取。

③调度器将下一个Requests返回给引擎。

④经过中间件，引擎将Requests发送给下载器。

⑤一旦页面爬取完成，下载器就会生成一个Response，再经过中间件，发送给引擎。

⑥引擎收到下载器返回的Response后，经过中间件，发送给爬虫处理。

⑦爬虫处理Response，经过中间件，返回处理后的items或新的Requests给引擎。

⑧引擎将处理后的items发送给项目管道，将Requests发送给调度器，并请求下一个Requests来爬取。

⑨不断重复以上流程，直到调度器中没有requests为止。

7.3.2 Scrapy框架的安装

Scrapy是一个第三方框架，如果要使用该框架开发网络爬虫程序，则需要先在计算机中安装该框架。

在命令提示符窗口中使用pip工具安装Scrapy框架。输入的命令如下：

```
pip install scrapy==2.5.0
```

执行上述命令，从命令提示符窗口中开始安装。安装成功后，在命令提示符窗口中输入scrapy命令。按下Enter键后输出的信息如图7-23所示。

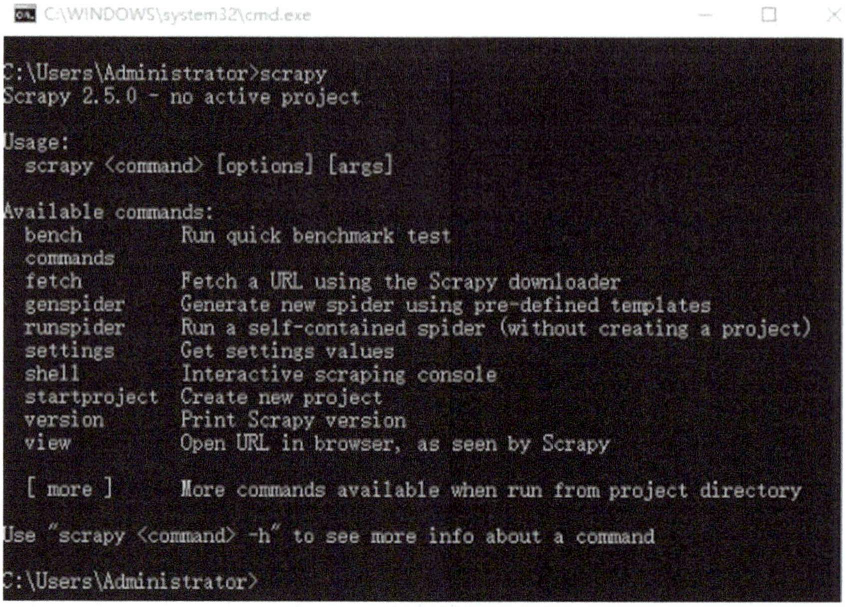

图7-23　Scrapy模块信息

从输出结果可以看出，Scrapy的版本为Scrapy2.5.0。这说明我们成功安装了Scrapy。

7.3.3　Scrapy框架的实战——爬取新浪新闻

使用Scrapy框架开发网络爬虫程序一般包含4个步骤，即新建Scrapy项目、明确采集目标、制作爬虫和永久存储数据。下面以爬取新浪新闻为例，对这4个步骤进行详细介绍。

（1）新建Scrapy项目

首先打开cmd命令行窗口，将目录切换到新建项目目录，例如，C:\Users\Administrator\PycharmProjects。然后，使用如下命令新建Scrapy项目。

```
scrapy startproject sinaNews
```

执行完上述命令，便在指定项目存放目录（C:\Users\Administrator\PycharmProjects）中新建了一个名为sinaNews的Scrapy项目。如图7-24所示。

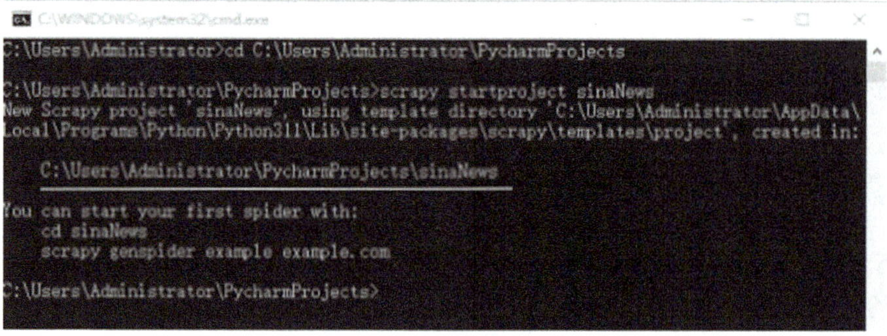

图7-24　新建项目命令执行的结果

由图7-24可知，C:\Users\Administrator\PycharmProjects目录下新增了刚刚创建的项目sinaNews。

使用PyCharm工具打开sinaNews项目。在项目左侧的导航窗格中可以看到sinaNews项目包含了若干自动生成的文件和目录。sinaNews项目的目录结构如图7-25所示。

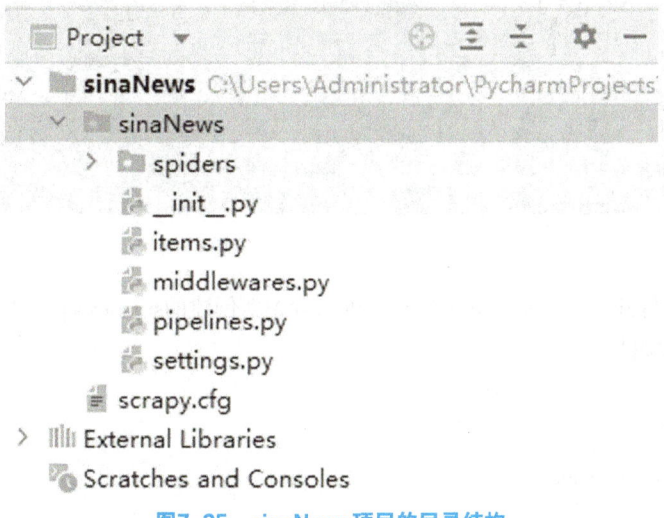

图7-25　sinaNews项目的目录结构

关于图7-25中主要目录或文件的介绍如下。
- sinaNews/：项目的Python模块，将从这里引用代码。
- sinaNews/spiders/：存放爬虫代码的目录。
- sinaNews/items.py：项目的实体文件，用于定义项目的目标实体。
- sinaNews/middlewares.py：项目的中间件文件，用于定义爬虫中间件。
- sinaNews/pipelines.py：项目的管道文件，用于定义项目使用的管道。
- sinaNews/settings.py：项目的设置文件，用于存储项目的设置信息。
- scrapy.cfg：配置文件，用于存储项目的配置信息。

（2）明确采集目标

明确采集目标是指在采集新浪新闻网页数据之前，明确采集的目标数据。

（3）制作爬虫

制作爬虫是使用Scrapy框架的第3步操作，主要是从抓取的网页数据中提取出最终要采取的数据。制作爬虫的流程一般可以分为创建爬虫、抓取网页数据、解析网页数据3步。具体内容如下。

①创建爬虫

创建爬虫主要是为爬虫确定一个名称，并规定该爬虫的"爬取域"（要抓取的域名范围）。

在命令提示符窗口中将目录切换至C:\Users\Administrator\PycharmProjects\sinaNews\sinaNews\spiders，创建一个名称为sinanews、爬取域为sina.com.cn的爬虫，具体代码如下。

```
scrapy genspider sinanews "sina.com.cn"
```

执行上述命令，创建爬虫结果如图7-26所示。

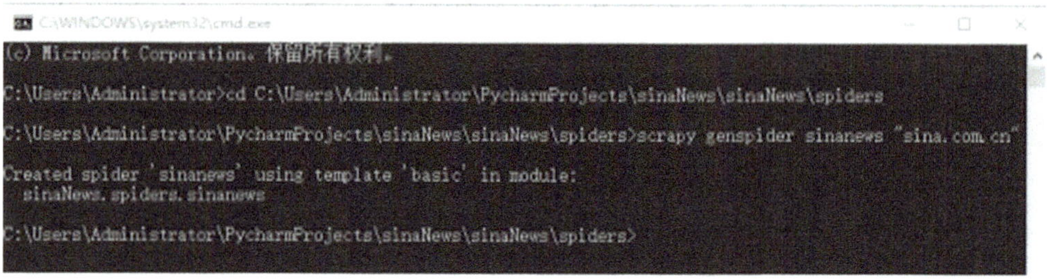

图7-26 创建爬虫的结果

在PyCharm中打开sinaNews/spiders目录，可以看到新创建的sinanews.py。该文件的内容已经自动生成，具体代码如下。

```
import scrapy
class SinanewsSpider(scrapy.Spider):
    name = 'sinanews'
    allowed_domains = ['sina.com.cn']
    start_urls = ['http://sina.com.cn/']
    def parse(self, response):
        pass
```

在上述代码中，SinanewsSpider是自动生成的类，它继承Scrapy提供的爬虫基类scrapy.Spider类，我们创建的爬虫都要继承自该scrapy.Spider类。下面对SinanewsSpider类的3个属性和1个方法进行介绍。

• name属性：表示这个爬虫的识别名称。爬虫的名称必须是唯一的，不同的爬虫需要定义不同的名称。

• allow_domains属性：表示爬虫搜索的域名范围，也就是爬虫的约束区域。该属性规定爬虫只能爬取这个域名下的网页，不在该域名下的URL会被忽略。

• start_urls属性：表示包含起始URL的元组或列表，用于指定爬虫首次从哪个网页开始抓取。

• parse(self, response)：解析的方法，每个初始URL完成下载后将被调用，调用的时候传入从每一个URL传回的Response对象来作为唯一参数，主要作用如下：

负责解析返回的网页数据(response.body)，提取结构化数据(生成item)；

将start_urls的值修改为需要爬取的第一个url。

②抓取网页数据

修改上述代码中的start_urls属性的值，为爬虫指定要抓取的初始URL，具体代码如下。

```
start_urls = ['https://news.sina.com.cn/guide/']
```

③解析网页数据

然后编写几个parse()方法,这些parse()方法负责解析每一级网页数据,以及将网页数据向下一级网页进行传递。下面对这些parse()方法逐个进行介绍。

a.parse(self, response)方法用于解析新浪网站导航页的数据。

```
def parse(self, response):
    # 获取网站导航页的新闻板块
    each = response.xpath("//div[@id='tab01']/div[@data-sudaclick"
                         "='newsnav']")
    topUrl = each.xpath('./h3/a/@href').extract()[0]
    topTitle = each.xpath('./h3/a/text()').extract()[0]
    # 设置顶级标题存储路径
    topPath = './data/' + topTitle
    if not os.path.exists(topPath):
        os.makedirs(topPath)
    # 遍历次顶标题链接
    for other in each.xpath('./ul/li/a'):
        # 获取以顶级标题链接开头的次顶级标题链接
        if other.xpath('./@href').extract()[0].startswith(topUrl):
            item = SinanewsItem()
            secondUrl = other.xpath('./@href').extract()[0]
            secondTitle = other.xpath('./text()').extract()[0]
            secondPath = topPath + '/' + secondTitle
            item['secondUrl'] = secondUrl
            item['secondPath'] = secondPath
            if not os.path.exists(secondPath):
                os.makedirs(secondPath)
            # 发送次顶级标题链接请求,使用meta参数把item数据传递到回调函数里面,通过response.meta['']得到数据
            yield scrapy.Request(url=item['secondUrl'], meta={'meta_1': item},
                                 callback=self.second_parse)
```

上述代码中,首先通过 response.xpath()方法获取网站导航页的新闻板块内容,紧接着获取顶级标题topUrl 为:http://news.sina.com.cn/和名称topTitle 为:新闻。在for other in each.xpath('./ul/li/a')中对新闻版块次顶级标题进行遍历,如图7-27所示。在for循环中通过一个if语句将以顶级标题链接(http://news.sina.com.cn/)开头的次顶级标题筛选出来,筛选出来的次顶级标题为:专题、传媒、国内、国际、排行、社会和评论共7个。然后将这些次顶级标题的Url和存储路径放入实体类SinanewsItem对象item中,最后一行代码,发送次顶级标题链接请求,使用meta参数把item数据

传递到回调函数里面,通过response.meta['']得到数据。yield 就是保存当前程序执行状态。用for循环的时候,每次取一个元素的时候就会计算一次。用yield的函数叫generator,和iterator一样,它的好处是不用一次计算所有元素,而是用一次算一次,可以节省很多空间。generator 每次计算需要上一次计算结果,所以用 yield,否则一 return,上次计算结果就没了。yield可以简单理解为return操作,但和return又有很大的区别,执行完return,当前函数就终止了,函数内部的所有数据,所占的内存空间,全部都没有了。而yield在返回数据的同时,还保存了当前的执行内容,当再一次调用这个函数时,会找到在此函数中的yield关键字,然后从yield的下一句开始执行。当有多个返回值时,用 return 全部一起返回了,需要单个逐一返回时可以用 yield。

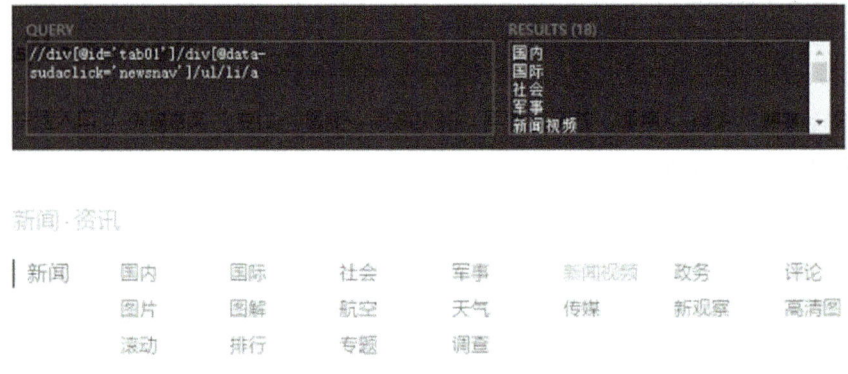

图7-27 新闻的版块定位结果

b.subLink_parse(self,response,str)遍历某一个次顶级标题页里的子标题。如图7-28所示。

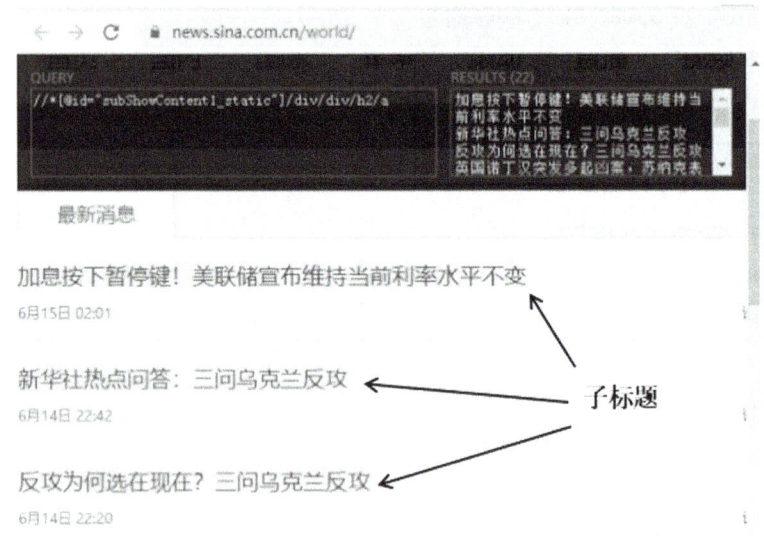

图7-28 获取次顶级标题里的子标题

```
# 遍历某一个次顶级标题里的子标题
def subLink_parse(self,response,str):
    # 获取meta参数里键为'meta_1'的值
```

```python
meta_1 = response.meta['meta_1']
items = []
driver = webdriver.Chrome()
driver.get(response.url)
time.sleep(5)
elements = driver.find_elements_by_xpath(str)
for element in elements:
    item = SinanewsItem()
    item['secondPath'] = meta_1['secondPath']
    item['subUrl'] = element.get_attribute('href')
    item['subTitle'] = element.text
    items.append(item)
return items
```

上述代码中，subLink_parse(self,response,str)函数传递两个参数，其中str参数表示定位子标题时使用的Xpath路径。考虑到次顶标题页面的一些数据是通过js渲染出来的，所以通过正常的request请求返回的response源码中没有相关数据，所以这里选择selenium+webdriver获取网页源码。通过for循环遍历次顶标题页中每个子标题，将次顶级标题的路径、子标题的url和子标题的标题名存放到实体类SinanewsItem对象item中。最后将存放实体类对象的数值items返回。

c.second_parse(self,response)遍历所有次顶级标题页面里的子标题。

```python
# 遍历所有次顶级标题页面里的子标题
def second_parse(self,response):
    if 'zt' in response.url:
        items = self.subLink_parse(response,
                '//ul[@class="ul_list1"]/li/a')
    elif 'media' in response.url or 'china' in response.url:
        items = self.subLink_parse(response,
                '//div[@class="feed-card-item"]/h2/a')
    elif 'hotnews' in response.url:
        items = self.subLink_parse(response,
                '//td[@class="ConsTi"]/a')
    elif 'world' in response.url:
        items=self.subLink_parse(response,
                '//*[@id="subShowContent1_static"]/div/div/h2/a')
    else:
        items = self.subLink_parse(response, '//h1/a')
# 发送子标题链接请求
```

```
    for each_item in items:
        yield scrapy.Request(each_item['subUrl'],
                meta={'meta_2':each_item}, callback=self.detail_parse)
```

在上述代码中,根据专题、传媒、国内、国际、排行、社会和评论7个次顶级标题页面中定位子标题的XPath路径不同,使用分支结构解析次顶级标题页面。最后通过for循环向页面中每个子标题发送链接请求。

d.detail_parse(self, response)解析每个子标题页面。

```
# 解析每个子标题页面
def detail_parse(self, response):
    item = response.meta['meta_2']
    if '专题' in item['secondPath']:     # 解析专题中每个子标题页面
        item['title'] = item['subTitle']
        item['content'] = ''.join('')
    elif '评论' in item['secondPath']:    # 解析评论中每个子标题页面
        item['title']= response.xpath("//h1[@id='artibodyTitle']/text()").extract()[0]
        item['content'] = ''.join(response.xpath("//p/text()").extract())
    elif '社会' in item['secondPath']:    # 解析社会中每个子标题页面
        item['title'] = response.xpath("//h1[@class='main-title']/text()").extract()[0]
        item['content'] = ''.join(response.xpath("//p/text()").extract())
    else:              # 解析传媒、国内、国际、排行中每个子标题页面
        item['title'] = response.xpath("//h1[@class='main-title']/text()").extract()[0]
        item['content'] = ''.join(response.xpath("//p/text()").extract())
    yield item
```

在上述代码中,由于每个版块的子标题页面中定位标题和内容的XPath路径不同,所以采用分支结构。

(4)永久存储数据

在管道文件pipelines.py中实现process_item()函数,详细代码如下:

```
import textwrap
class SinanewsPipeline(object):
    def process_item(self, item, spider):
        # 设置保存的文件名,把子链接去掉'http://'和'.shtml',把'/'替换成'_',保存为txt文件格式
        self.filename = item['subUrl'][7:-6].replace('/', '_') + '.txt'
        self.file = open(item['secondPath'] + '/' + self.filename, 'w',encoding='utf-8')
        self.file.write(item['subUrl'] + '\n'+item['title'] + '\n')
```

```
wrapped_text = textwrap.fill(item['content'],width=100)
self.file.write(wrapped_text)
self.file.close()
return item
```

上述代码中，将爬取的结果存储到txt文件中。引用了textwrap模块，实现了文本的自动换行。width=100表示每行100个字符。

（5）修改配置settings.py文件

```
BOT_NAME = 'sinaNews'
SPIDER_MODULES = ['sinaNews.spiders']
NEWSPIDER_MODULE = 'sinaNews.spiders'
ROBOTSTXT_OBEY = True
DEFAULT_REQUEST_HEADERS = {
 'Accept': 'text/html,application/xhtml+xml,application/xml;q=0.9,*/*;q=0.8',
 'Accept-Language': 'en',
 'User-Agent':'Mozilla/5.0 (Windows NT 10.0; Win64; x64) AppleWebKit/537.36 (KHTML, like Gecko) Chrome/113.0.0.0 Safari/537.36'
}
ITEM_PIPELINES = {
 'sinaNews.pipelines.SinanewsPipeline': 300,
}
```

（6）运行程序

在Terminal中输入"scrapy crawl sinanews"命令，按下回车，程序运行结果如图7-29所示。

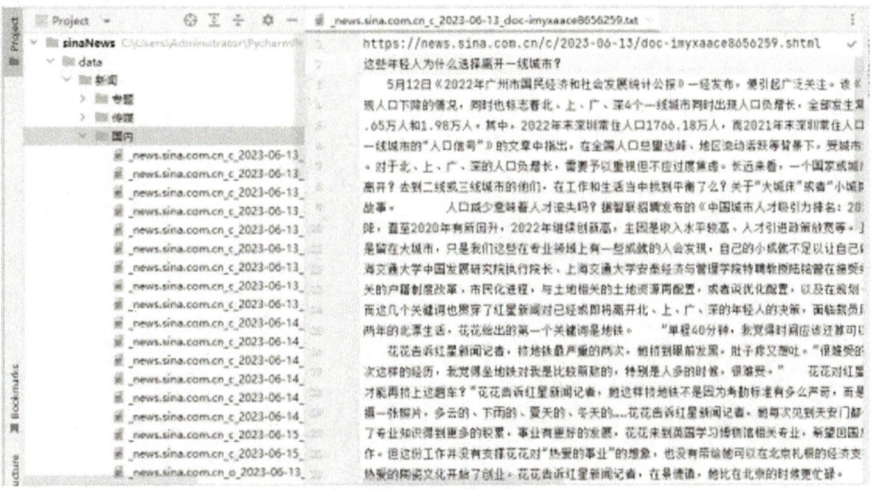

图7-29　爬虫结果

下篇
Python数据分析案例

第 8 章　使用 NumPy 进行数据计算
第 9 章　使用 Pandas 进行数据分析
第 10 章　数据可视化

第8章　使用NumPy进行数据计算

知识要点：

了解NumPy数组对象，会创建NumPy数组。
熟悉ndarray对象的数据类型，并会转换数据类型。
掌握数组运算方式。
掌握数组的索引和切片。
掌握使用数组进行数据处理的方法。
熟悉随机数模块的使用。

当今世界对信息技术的依赖程度日益加深，每天都会产生和存储海量的数据，人们进入了大数据时代。在大数据环境的作用下，能够从数据里面发现并挖掘有价值的信息变得至关重要，数据分析技术应运而生。

数据分析是使用适当的统计分析方法对收集来的大量数据进行分析，提取有用信息和形成结论而对数据加以详细研究和概括总结的过程。数据分析可以通过计算机工具和数学知识处理数据，并从中发现规律性信息，以做出具有针对性的决策。因此，数据分析在大数据技术中扮演着至关重要的角色。下篇将通过NumPy进行数据计算、Pandas进行数据分析和Matplotlib数据可视化三个章节对Python数据分析进行学习。

NumPy（Numerical Python）是Python的一种开源的数值计算扩展。这种工具可用来存储和处理大型矩阵，比Python自身的嵌套列表（nested list structure）结构要高效得多，该结构也可以用来表示矩阵（matrix），支持大量的维度数组与矩阵运算，此外也针对数组运算提供大量的数学函数库。在数据分析和机器学习中，Numpy是高性能科学计算和数据分析的基础包。本章将学习Numpy的基本用法。

8.1　NumPy数组对象

NumPy的数据结构是n维的数组对象，叫做ndarray。可以用这种数组对整块数据执行一些数学运算，其语法与标量元素之间的运算一样。相比较于标量，该对象具有矢量算术能力和复杂的广播能力，可以执行一些科学计算。不同于Python标准库，ndarray对象拥有对高维数组的处理能力，这也是数值计算中缺一不可的重要特性。

ndarray对象中定义了一些重要的属性，具体如表8-1所示。

表8-1　ndarray对象的常用属性

属性	具体说明
ndarray.ndim	用于返回数组的维数，等于秩，维度数量
ndarray.shape	表示数组的维度，返回一个元组，这个元组的长度就是维度的数目，即ndim属性（秩）。比如，一个二维数组，其维度表示"行数"和"列数"，也可以用于调整数组大小
size	数组中元素个数
dtype	数组元素的数据类型对象
ndarray.itemsize	以字节的形式返回数组中每一个元素的大小

需要注意的是，ndarray对象中存储元素的类型必须是相同的。接下来通过一个简单的示例来演示一下ndarray对象的使用。具体代码如下：

```python
import numpy as np                    # 导入NumPy工具包
data = np.arange(12).reshape(3,4)     # 创建一个3行4列的数组
print(data)                           # 输出data数组
print(type(data))                     # 输出data的数据类型
print(data.ndim)                      # 输出数组维度的个数
print(data.shape)                     # 输出数组的维度
print(data.size)                      # 输出数组元素的个数
print(data.dtype)                     # 输出数组元素的类型
```

程序运行结果如下：

```
[[ 0  1  2  3]
 [ 4  5  6  7]
 [ 8  9 10 11]]
<class 'numpy.ndarray'>
2
(3, 4)
12
int32
```

8.2　创建NumPy数组

创建ndarray对象的方式有很多种，其中最简单的方式就是使用array()函数，在调用该函数时传入一个Python现有的类型即可，比如列表、元组。例如，以下代码就是使用array()函数分别创建一个一维数组和二维数组。

```
import numpy as np                    # 导入NumPy工具包
data1 = np.array([1, 2, 3])           # 创建一个一维数组
data2 = np.array([[1, 2, 3], [4, 5, 6]])  # 创建一个二维数组
print('data1:%s' %data1)
print('data2:%s' %data2)
```

程序运行结果：

```
data1:[1 2 3]
data2:[[1 2 3]
 [4 5 6]]
```

通过zeros()函数创建元素值都是0的数组；通过调用ones()函数创建元素值都是1的数组；通过empty()函数创建一个新的数组，该数组只分配了内存空间，它里面填充的元素都是随机的，且数据类型默认都是float64，通过arange()函数可以创建一个等差数组，它的功能类似于range()，只不过arange()函数返回的结果是数组，而不是列表。示例代码如下：

```
import numpy as np            # 导入NumPy工具包
print(np.zeros((3, 4)))       # 创建一个元素都为0的3行4列的数组
print(np.ones((3, 4)))        # 创建一个元素都为1的3行4列的数组
print(np.empty((4, 2)))       # 创建一个5行2列的数组，元素值是随机的float64值
print(np.arange(1, 20, 5))    # 创建一个起始值为1，终止值为20，步长为5的等差数组
```

程序运行结果

```
[[0. 0. 0. 0.]
 [0. 0. 0. 0.]
 [0. 0. 0. 0.]]
[[1. 1. 1. 1.]
 [1. 1. 1. 1.]
 [1. 1. 1. 1.]]
[[0.00000000e+000 0.00000000e+000]
 [0.00000000e+000 0.00000000e+000]
 [0.00000000e+000 2.33198985e-321]
 [1.23036973e-166 8.48012731e-268]]
[ 1  6 11 16]
```

8.3 ndarray对象的数据类型

NumPy支持比Python更多的数据类型。本节将介绍一些常用的数据类型,以及这些数据类型之间的转换。

8.3.1 查看数据类型

通过"ndarray.dtype"可以创建一个表示数据类型的对象。然后通过该对象的name属性可以获取数据类型的名称。示例代码如下:

```
import numpy as np          # 导入NumPy工具包
data = np.array([[1, 2, 3], [4, 5, 6]])
print(data.dtype.name)
```

程序运行结果:

```
int32
```

上述代码中,使用dtype属性查看data对象的类型,输出结果是int32(默认情况下,64位Windows系统输出的结果为int32)。从数据类型的命名方式上可以看出,NumPy的数据类型由一个类型名(int、float)和元素位长的数字组成。

如果在创建数组时,没有显式地指明数据的类型,则可以根据列表或元组中的元素类型推导出来。默认情况下,通过zeros()、ones()、empty()函数创建的数组中数据类型为float64。

表8-2列举了NumPy中常用的数据类型。

表8-2 NumPy中常用的数据类型

字符	对应类型	备注
b	boolean	'b1'(将这个字符代码作为参数传给dtype,则会建立boolean实例)
i	signed integer	有符号整数,'i1','i2','i4','i8'
u	unsigned integer	无符号整数,'u1','u2','u4','u8'
f	floating-point	浮点数,'f2','f4','f8'
c	complex floating-point	复数,用浮点数表示实部和虚部
m	timedelta64	表示两个时间之间的间隔
M	datetime64	日期时间类型
O	object	Python对象
S	(byte-)string	S3表示长度为3的字符串(传入的参数必须是大写S),Bytes代表的是(二进制)数字的序列,只不过是在通过ASCII编码之后才是我们看到的字符形式

续表

字符	对应类型	备注
U	Unicode	Unicode字符串（传入的参数必须是大写U）
V	void	原始数据

8.3.2 转换数据类型

ndarray对象的数据类型可以通过astype()方法进行转换，示例代码如下：

```python
import numpy as np           # 导入NumPy工具包
data1 = np.array([[1, 2, 3], [4, 5, 6]])
data2 = np.array([1.1, 2.2, 3.3])
data3 = np.array(['1', '2', '3'])
print('------转换前数据类型------')
print('data1:%s' %data1.dtype)
print('data2:%s' %data2.dtype)
print('data3:%s' %data3.dtype)
# 进行类型转换
float_data = data1.astype("f4")
int_data1 = data2.astype("i8")
int_data2 = data3.astype("i8")
print('------转换后数据类型------')
print("float_data:%s" %float_data)
print("int_data1:%s" %int_data1)
print("int_data2:%s" %int_data2)
```

程序运行结果：

```
------转换前数据类型------
data1:int32
data2:float64
data3:<U1
------转换后数据类型------
float_data:[[1. 2. 3.]
 [4. 5. 6.]]
int_data1:[1 2 3]
int_data2:[1 2 3]
```

8.4 数组运算

NumPy数组不需要循环遍历，即可对每个元素执行批量的算术运算操作，这个过程叫做矢量化运算。但是，如果两个数组的大小（ndarray.shape）不同，则它们进行算术运算时会出现广播机制。此外，数组还支持使用算术运算符与标量进行运算，本节将介绍数组运算的相关内容。

8.4.1 矢量化运算

在NumPy中，大小相等的数组之间的任何算术运算都会应用到元素级，即位置相同的元素之间进行算术运算，所得的结果组成一个新的数组。接下来通过一个具体的例子进行演示。

```
import numpy as np           # 导入NumPy工具包
data1 = np.array([[1, 1, 2], [3, 4, 5]])
data2 = np.array([[6, 7, 8], [9, 0, 1]])
data_add = data1 + data2     # 数组相加
data_sub = data2 - data1     # 数组相减
data_mul = data1 * data2     # 数组相乘
data_div = data2 / data1     # 数组相除
print("data_add:%s" %data_add)
print("data_sub:%s" %data_sub)
print("data_mul:%s" %data_mul)
print("data_div:%s" %data_div)
```

程序运行结果：

```
data_add:[[ 7  8 10]
 [12  4  6]]
data_sub:[[ 5  6  6]
 [ 6 -4 -4]]
data_mul:[[ 6  7 16]
 [27  0  5]]
data_div:[[6. 7. 4.]
 [3. 0. 0.2]]
```

8.4.2 数组广播

数组在进行矢量化运算时，要求数组的形状是相等的。当形状不相等的数组执行算术运算的时候，就会出现广播机制，该机制会对数组进行扩展，使数组的shape属性值一样，这样就可以进行矢量化运算了。接下来通过一个具体的例子进行演示。

```
import numpy as np                    # 导入NumPy工具包
data1 = np.array([[0], [1], [2], [3]])    # 创建一个4行1列的数组
data2 = np.array([4, 5, 6])           # 创建一个1行3列的数组
data = data1 + data2
print(data)
```

程序运行结果：

```
[[4 5 6]
 [5 6 7]
 [6 7 8]
 [7 8 9]]
```

上述代码中，由于data1和data2的形状不同，所以，在进行算术运算的时候首先对两个数组按照广播机制进行了扩展，具体的扩展过程如图8-1所示。

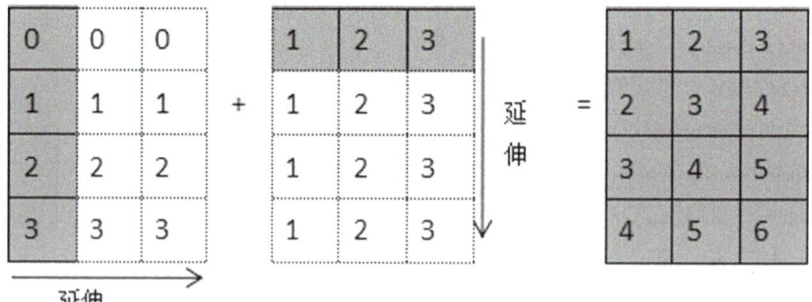

图8-1　数组广播机制

8.4.3　数组与标量间的运算

大小相等的数组之间的任何算数元素都会将运算应用到元素级，同样，数组与标量的算术运算也会将那个标量值传播到各个元素。当数组进行相加、相减、乘以或除以一个数字时，这些称为标量运算。标量运算会产生一个与数组具有相同行和列的新矩阵，其原始矩阵的每个元素都与这个数字进行算术运算。接下来通过一个具体的例子进行演示。

```
import numpy as np                    # 导入NumPy工具包
data1 = np.array([[1, 2, 3],[4, 5, 6]])
data2 = 10
data_add = data1 + data2              # 数组与数组相加
data_sub = data1 - data2              # 数组与数组相减
data_mul = data1 * data2              # 数组与数组相乘
data_div = data1 / data2              # 数组与数组相除
print("data_add:%s" %data_add)
```

```
print("data_sub:%s" %data_sub)
print("data_mul:%s" %data_mul)
print("data_div:%s" %data_div)
```

程序运行结果：

```
data_add:[[11 12 13]
 [14 15 16]]
data_sub:[[-9 -8 -7]
 [-6 -5 -4]]
data_mul:[[10 20 30]
 [40 50 60]]
data_div:[[0.1 0.2 0.3]
 [0.4 0.5 0.6]]
```

8.5　ndarray的索引和切片

ndarray对象不但支持索引和切片操作，而且还提供了比常规Python序列更多的索引功能，除了使用整数进行索引外，还可以使用整数数组和布尔数组进行索引。本节将针对NumPy的索引和切片进行详细的讲解。

8.5.1　整数索引和切片的基本使用

ndarray对象的元素可以通过索引和切片来访问和修改，就像Python内置的容器对象一样。下面将通过一段代码演示一个一维数组使用索引和切片的方式。

```
import numpy as np          # 导入NumPy工具包
arr_1d = np.arange(10)      # 创建一个有10个元素的一维数组
print(arr_1d)               # 输出一维数组
print(arr_1d[6])            # 获取索引为6的元素
print(arr_1d[4:7])          # 获取索引4~7的元素，包含4，但不包含7
print(arr_1d[1:8:2])        # 获取索引为1~6的元素，步长为2
```

程序运行结果为：

```
[0 1 2 3 4 5 6 7 8 9]
6
[4 5 6]
[1 3 5 7]
```

但是，对于多维数组来说，索引和切片的使用方式与列表就大不一样了。比如，在二位数组中，每个索引位置上的元素不再是标量了，而是一个一维数组，例如：

```
import numpy as np              # 导入NumPy工具包
arr_2d = np.array([[1, 2], [3, 4], [5, 6], [7, 8]])   # 创建二维数组
print(arr_2d)                   # 输出二维数组
print(arr_2d[2])                # 获取索引为2的元素
print(arr_2d[1,1])              # 获取二维数组第1行，第1列的元素
```

程序运行结果：

```
[[1 2]
 [3 4]
 [5 6]
 [7 8]]
[5 6]
4
```

上述程序中，最后一行代码通过"array[x, y]"的形式获取二维数组的单个元素。其中，x表示行号，y表示列号，并且，行和列的编号从0开始。

相比一维数组，多维数组的切片方式花样更多，多维数组的切片是沿着行或列的方向选取元素的，我们可以传入一个切片，也可以传入多个切片，还可以将切片与整数索引混合使用。例如：

```
import numpy as np              # 导入NumPy工具包
arr_2d = np.array([[1, 2, 3], [4, 5, 6], [7, 8, 9]])   # 创建二维数组
print(arr_2d)                   # 输出二维数组
print(arr_2d[:2])               # 传入一个切片
print(arr_2d[0:2, 0:2])         # 传入两个切片
print(arr_2d[1, :2])            # 切片与整数索引混合使用
```

程序运行结果：

```
[[1 2 3]
 [4 5 6]
 [7 8 9]]
[[1 2 3]
 [4 5 6]]
```

```
[[1 2]
 [4 5]]
[4 5]
```

8.5.2 花式索引的基本使用

花式索引是NumPy的一个术语,是指将整数数组或列表作为索引,然后根据索引数组或索引列表的每个元素作为目标数组的下标再进行取值。

当使用一维数组或列表作为索引时,如果使用索引要操作的目标对象是一维数组,则获取的结果是对应下标的元素;如果要操作的目标对象是一个二维数组,则获取的结果就是对应下标的一行数据。例如:

```
import numpy as np              # 导入NumPy工具包
arr = np.empty((4, 4))          # 创建一个4行4列的空数组
for i in range(4):
    arr[i] = np.arange(i, i+4)  # 动态地为数组添加元素
print(arr)
print(arr[[0, 2]])              # 获取索引为[0,2]的元素
print(arr[[1, 3], [1, 2]])      # 获取索引为(1,1)(3,2)
```

程序运行结果:

```
[[0. 1. 2. 3.]
 [1. 2. 3. 4.]
 [2. 3. 4. 5.]
 [3. 4. 5. 6.]]
[[0. 1. 2. 3.]
 [2. 3. 4. 5.]]
[2. 5.]
```

上述程序中,最后一行代码,使用两个列表操作数组,则会将第一个作为行索引,第二个作为列索引,通过二维数组索引的方式,选取其对应位置的元素。

8.5.3 布尔型索引的基本使用

布尔型索引指的是将一个布尔型数组作为数组索引,返回的数据是布尔数组中True对应位置的值。

假设现在有一组存储了学生姓名的数组,以及一组存储了学生各科成绩的数组,存储学生成绩的数组中,每一行成绩对应的是一个学生的成绩。如果我们想筛选某个学生对应的成绩,可以通过比较运算符,先产生一个布尔型数组,然后利用布尔型数组作为索引,返回布尔值

True对应位置的数据。示例代码如下：

```python
import numpy as np                          # 导入NumPy工具包
stu_name = np.array(['LiLei', 'ZhangLi', 'WangTao', 'ZhaoJun'])  # 存储学生姓名数组
print(stu_name)
stu_score = np.array([[88, 85, 90], [77, 80, 95],
            [85, 79, 89], [90, 86, 95]])    # 存储学生成绩数组
print(stu_score)
print(stu_name == 'ZhangLi')                # 对stu_name和字符串'ZhangLi'通过运算符产生一个布尔型数组
print(stu_score[stu_name == 'ZhangLi'])     # 返回布尔数组True对应的行
```

程序运行结果：

```
['LiLei' 'ZhangLi' 'WangTao' 'ZhaoJun']
[[88 85 90]
 [77 80 95]
 [85 79 89]
 [90 86 95]]
[False  True False False]
[[77 80 95]]
```

8.6 数组的转置和轴对称

数组的转置是指将数组中的每个元素按照一定的规则进行位置变换。数组的转置可以通过NumPy提供的transpose()方法和T属性来实现。其中，简单的转置可以通过T属性实现，它实际上就是进行了轴对换。比如，一个3行4列的二维数组，使用T属性对数组转置后，就得到一个4行3列的新数组，实例代码如下：

```python
import numpy as np                 # 导入NumPy工具包
arr = np.arange(12).reshape(3, 4)
print(arr)
arr_new = arr.T                    # 使用T属性对数组进行转置
print(arr_new)
```

程序运行结果：

```
[[ 0  1  2  3]
 [ 4  5  6  7]
```

[8 9 10 11]]
[[0 4 8]
 [1 5 9]
 [2 6 10]
 [3 7 11]]

对于高纬度的数组而言，transpose()方法需要得到一个由编号组成的元组，才能对这些轴进行转置。假设现在有个三维数组arr，这个数组就有三个轴，每个轴都对应着一个编号，分别是0，1，2。

如果希望对这个三维数组arr进行转置，就需要对它的shape中的顺序进行调换。也就是说，当使用transpose()方法对数组的shape进行变换时，需要以元组的形式传入shape编号，如果调用transpose()方法时传入"(0,1,2)"，则数组的shape不会发生任何变化。如果我们不传入任何参数，直接调用transpose()方法，则其执行的效果就是将数组进行转置，作用等价于传入"(2,1,0)"参数。接下来通过一段代码进行演示。

```python
import numpy as np                          # 导入NumPy工具包
arr = np.arange(16).reshape(2, 2, 4)
print("arr:%s" %arr)
print(arr.shape)
arr_one = arr.transpose(1, 2, 0) # 传入(1,2,0)参数
print("arr_one:%s" %arr_one)
print(arr_one.shape)
arr_two = arr.transpose(0, 1, 2) # 传入(0,1,2)参数
print("arr_two:%s" %arr_two)
print(arr_two.shape)
arr_three = arr.transpose()                 # 不传入任何参数
print("arr_three:%s" %arr_three)
print(arr_three.shape)
```

程序运行结果：

```
arr:[[[ 0  1  2  3]
  [ 4  5  6  7]]

 [[ 8  9 10 11]
  [12 13 14 15]]]
(2, 2, 4)
arr_one:[[[ 0  8]
```

```
  [ 1  9]
  [ 2 10]
  [ 3 11]]


 [[ 4 12]
  [ 5 13]
  [ 6 14]
  [ 7 15]]]
(2, 4, 2)
arr_two:[[[ 0  1  2  3]
  [ 4  5  6  7]]

 [[ 8  9 10 11]
  [12 13 14 15]]]
(2, 2, 4)
arr_three:[[[ 0  8]
  [ 4 12]]

 [[ 1  9]
  [ 5 13]]

 [[ 2 10]
  [ 6 14]]

 [[ 3 11]
  [ 7 15]]]
(4, 2, 2)
```

在某些情况下，我们可能只需要转换其中的两个轴，这时我们可以使用ndarray提供的swapaxes()方法实现，该方法需要接收一对轴编号，实例代码如下：

```
import numpy as np              # 导入NumPy工具包
arr = np.arange(16).reshape(2, 2, 4)
print("arr:%s" %arr)
print(arr.shape)
arr_new = arr.swapaxes(1, 0)
print("arr_new:%s" %arr_new)
print(arr_new.shape)
```

程序运行结果：

```
arr:[[[ 0  1  2  3]
  [ 4  5  6  7]]

 [[ 8  9 10 11]
  [12 13 14 15]]]
(2, 2, 4)
arr_new:[[[ 0  1  2  3]
  [ 8  9 10 11]]

 [[ 4  5  6  7]
  [12 13 14 15]]]
(2, 2, 4)
```

8.7 NumPy通用函数

在NumPy中，提供了诸如"sin""cos"和"exp"等常见的数学函数，这些函数叫做通用函数（ufunc）。通用函数是一种针对ndarray中的数据执行元素级运算的函数，函数返回的是一个新数组。通常情况下，我们将ufunc中接收一个数组参数的函数称为一元通用函数，而接收两个数组参数的则称为二元通用函数。表8-3和表8-4列举了一些常见的一元和二元通用函数。

表8-3 常见一元通用函数

函数	描述
abs、fabs	计算整数、浮点数或复数的绝对值
sqrt	计算各元素的平方根
square	计算各元素的平方
exp	计算各元素的指数ex
log、log10、log2、log1p	分别为自然对数(底数为e)，底数为10的log，底数为2的log，log(1+x)
sign	计算各元素的正负号，1(正数)、0(零)、-1(负数)
ceil	计算各元素的ceiling值，即大于或者等于该值的最小整数
floor	计算各元素的floor值，即小于等于该值的最大整数
rint	将各元素四舍五入到最接近的整数
modf	将数组的小数和整数部分以两个独立数组的形式返回
isnan	返回一个表示"哪些值是NaN"的布尔型数组

续表

函数	描述
isfinite、isinf	分别返回表示"哪些元素是有穷的"或"哪些元素是无穷的"的布尔型数组
sin、sinh、cos、cosh、tan、tanh	普通型和双曲型三角函数
arcos、arccosh、arcsin	反三角函数

表8-4 常见二元通用函数

函数	描述
add	将数组中对应的元素相加
subtract	从第一个数组中减去第二个数组中的元素
multiply	数组元素相乘
divide，flooor_divide	除法或向下整除法(舍去余数)
maximum、fmax	元素级的最大值计算
minimum、fmin	元素级的最小值计算
mod	元素级的求模计算
copysign	将第二个数组中的值的符号赋值给第一个数组中的值
greater、greater_equal、less、less_equal、equal、not_equal、logical_and、logical_or、logical_xor	执行元素级的比较运算，最终产生布尔型数组，相当于运算符>、≥、<、≤、==、!=

接下来，通过一些示例代码演示上述部分函数的用法。

```python
import numpy as np                        # 导入NumPy工具包
arr = np.array([9, 16, 25])
# 一元通用函数的使用
print(np.abs(arr))                        # 计算数组元素的绝对值
print(np.sqrt(arr))                       # 计算数组元素的平方根
print(np.square(arr))                     # 计算数组元素的平方
# 二元通用函数的使用
arr_x = np.array([6, 2, 5, 4])
arr_y = np.array([1, 7, 3, 8])
print(np.add(arr_x,arr_y))                # 计算两个数组的和
print(np.multiply(arr_x,arr_y))           # 计算两个数组的积
print(np.maximum(arr_x,arr_y))            # 两个数组元素级最大值的比较
print(np.greater(arr_x,arr_y))            # 执行元素级的比较操作
```

程序运行结果:

```
[ 9 16 25]
[3. 4. 5.]
[ 81 256 625]
[ 7  9  8 12]
[ 6 14 15 32]
[6 7 5 8]
[ True False  True False]
```

8.8 利用NumPy数组进行数据处理

NumPy数组可以将很多数据处理任务转换为简洁的数组表达式,它处理数据的速度要比内置的Python循环快至少一个数量级,所以,我们把数组作为处理数据的首选。下面将从条件逻辑、统计、排序、检索数组元素以及唯一化几个方面,介绍如何利用数组来处理数据。

8.8.1 将条件逻辑转为数组运算

NumPy的where()函数是三元表达式x if condition else y的矢量化版本。

假设现在有两个数值类型的数组和一个布尔类型的数组,当布尔类型数组的元素值为True时,从第一个数值类型数组中获取一个值,否则,从第二个数值类型的数组中获取一个值。上述需求使用where()函数实现的代码如下。

```
import numpy as np                              # 导入NumPy工具包
arr_a = np.array([1, 2, 3])
arr_b = np.array([4, 5, 6])
arr_bool = np.array([True, False, True])
arr_result = np.where(arr_bool, arr_a, arr_b)   # 使用where()函数
print(arr_result)
```

程序运行结果:

```
[1 5 3]
```

上述代码中调用where()函数时,传入的第一个参数arr_bool表示判断条件,它可以是一个布尔值,也可以是一个布尔数组,这里传入的是一个布尔数组。当从arr_bool中取出的元素为True时,则会获取arr_a数组中对应位置的值,当从arr_bool中取出的元素为False时,则会获取arr_b数组中对应位置的值,最后,将这些值组成一个新的数组返回。

8.8.2　数组统计运算

通过NumPy库中的相关方法，我们可以很方便地运用Python进行数组的统计汇总，常用的包括计算数组最大、最小以及平均值等。NumPy数组中与统计运算相关的方法如表8-5所示。

表8-5　NumPy数组中与统计运算相关的方法

方法	描述
sum	对数组中全部或某个轴向的元素求和
mean	算术平均值
min	计算数组中的最小值
max	计算数组中的最大值
argmin	表示最小值的索引
argmax	表示最大值的索引
cumsum	所有元素的累计和
cumprod	所有元素的累计积

注意，当使用ndarray对象调用cumsum()和cumprod()方法后，产生的结果是一个由中间结果组成的数组。下面通过代码示例演示上述方法的具体用法。

```
import numpy as np          # 导入NumPy工具包
arr = np.arange(10)
print(arr)
print(arr.sum())            # 求和
print(arr.mean())           # 求平均值
print(arr.min())            # 求最小值
print(arr.max())            # 求最大值
print(arr.argmin())         # 求最小值索引
print(arr.argmax())         # 求最大值索引
print(arr.cumsum())         # 计算元素的累计和
print(arr.cumprod())        # 计算元素的累计积
```

程序运行结果：

[0 1 2 3 4 5 6 7 8 9]
45
4.5
0

9
0
9
[0 1 3 6 10 15 21 28 36 45]
[0 0 0 0 0 0 0 0 0 0]

8.8.3 数组排序

如果要求对NumPy数组中的元素进行排序,可以通过sort()方法实现,示例代码如下:

```
import numpy as np          # 导入NumPy工具包
arr = np.array([[2, 1, 3], [4, 6, 5], [8, 7, 9]])
print(arr)
arr_new = arr.sort()
print(arr_new)
print(arr)
```

程序运行结果:

[[2 1 3]
 [4 6 5]
 [8 7 9]]
None
[[1 2 3]
 [4 5 6]
 [7 8 9]]

从程序的运行结果可以看出,当调用sort()方法后,数组arr中的数据按行从小到大进行排序。需要注意的是,使用sort()方法排序会修改数组本身。

如果希望对任何一个轴上的元素进行排序,只需要将轴的编号作为sort()方法的参数传入便可。示例代码如下:

```
import numpy as np          # 导入NumPy工具包
arr = np.array([[2, 1, 3], [1, 7, 5], [8, 6, 9]])
print(arr)
arr_new = arr.sort(0)
print(arr)
```

程序运行结果:

```
[[2 1 3]
 [1 7 5]
 [8 6 9]]
[[1 1 3]
 [2 6 5]
 [8 7 9]]
```

8.8.4 检索数组元素

在NumPy中，all()函数用于判断整个数组中的元素的值是否全部满足条件，如果满足条件返回True，否则返回False。any()函数用于判断整个数组中的元素是否至少有一个满足条件，满足就返回True，否则返回False。

使用all()和any()函数检索数组元素的示例代码如下：

```
import numpy as np              # 导入NumPy工具包
arr = np.array([[2, -1, 3], [1, -7, -5], [8, -6, 9]])
print(np.any(arr>0))            # arr的所有元素是否有一个大于0
print(np.all(arr>0))            # arr的所有元素是否都大于0
```

程序运行结果：

```
True
False
```

8.8.5 唯一化及其他集合逻辑

针对一维数组，NumPy提供了unique()函数来找出数组中的唯一值，并返回排序后的结果。除此之外，还有一个in1d()函数用于判断数组中的元素是否在另一个数组中存在，该函数返回的是一个布尔型的数组。示例代码如下：

```
import numpy as np              # 导入NumPy工具包
arr = np.array([1, 3, 6, 5, 2, 1, 7, 8])
print(np.unique(arr))
print(np.in1d(arr, [1, 2]))
```

程序运行结果：

```
[1 2 3 5 6 7 8]
[ True False False False  True  True False False]
```

NumPy提供的有关集合的函数还有很多，表8-6列举了数组集合运算的常见函数。

表8-6 数组集合运算的常见函数

函数	描述
unique(x)	计算x中的唯一元素，并返回有序结果
intersect1d(x,y)	计算x和y中的公共元素，并返回有序结果
union1d(x,y)	计算x和y的并集，并返回有序结果
in1d(x,y)	得到一个表示"x的元素是否包含y"的布尔型数组
setdiff1d(x,y)	集合的差，即元素在x中且不在y中
argmax	表示最大值的索引
cumsum	所有元素的累计和
setxor1d(x,y)	集合的对称差，即存在于一个数组中但不同时存在于两个数组中的元素

8.9 随机数模块

与Python的random模块相比，NumPy的random模块功能更多，它增加了一些可以高效生成多种概率分布的样本值的函数。例如，通过NumPy的random模块随机生成多维数组。示例代码如下：

```
import numpy as np                    # 导入NumPy工具包
arr_two = np.random.rand(3, 3)        # 随机生成一个二维数组
print("arr_two:%s" %arr_two)
arr_three = np.random.rand(2, 3, 3)   # 随机生成一个三维数组
print("arr_three:%s" %arr_three)
```

程序运行结果：

```
arr_two:[[0.67223648 0.26089924 0.30661723]
 [0.18828648 0.56702866 0.56706483]
 [0.19191042 0.42139757 0.86805153]]
arr_three:[[[0.34960604 0.67360119 0.2631365 ]
 [0.73877283 0.89397204 0.88259416]
 [0.7927733  0.75064341 0.31088626]]

 [[0.73144034 0.36197688 0.57320499]
 [0.8080737  0.14891303 0.92836733]
 [0.79856715 0.99026815 0.52782956]]]
```

上述代码中，rand()函数隶属于numpy.random模块，它的作用是随机生成N维浮点数组。需要注意的是，每次运行代码后生成的随机数组都不一样。

除此之外，random模块中还包括了可以生成服从多种概率分布随机数的其他函数。表8-7列举了numpy.random模块中用于生成大量样本值的函数。

表8-7 random模块的常见函数

函数	描述
seed	生成随机数的种子
rand	产生均匀分布的样本值
randint	从给定的上下限范围内随机选取整数
normal	产生正态分布的样本值
beta	产生Beta分布的样本值
uniform	产生在[0,1]中的均匀分布的样本值

8.10 案例——骰子游戏

通过前面对NumPy的学习，我们对NumPy这个科学计算包有了一定的了解，接下来，通过一个骰子游戏案例来介绍如何运用NumPy随机数模块以及如何进行数据处理。

假设有三颗骰子，每次一起抛出，现在用随机函数模拟抛掷1000次。下面解答以下问题。

- 统计1000次抛出的结果中，有多少次投出"666"？
- 有多少次三个骰子点数一样（即投掷结果为"豹子"）？
- 假定最初有500个筹码，如果三个骰子的点数之和大于10算赢，小于等于10算输，每次输赢一个筹码，那么最后的结果是赢还是输呢？
- 曾经达到的最大输赢数是多少？

示例代码如下：

```
import numpy as np
np.random.seed(7)            #注释该行则每次测试有变化
num = 1000            #抛掷总次数
#产生1000×3数组dice，即dice数组1000行3列，随机整数范围[1,6]，注意函数中要写为7
dice = np.random.randint(1, 7, size=(num, 3))
#为编程方便，计算三个骰子的点数之和，添加到dice末尾列，现在是1000×4数组
dice = np.column_stack((dice, dice.sum(axis=1)))
point = dice[:, 3]              #取点数之和列（第3列）
print('投掷出666的次数:', (point == 18).sum())    #出现666的次数
print('666出现在第x次', np.where(point == 18))    #出现在第x次
```

```python
# 找出三次投掷点数一样的行，得到一个布尔数组，注意 np.logical_and 函数
condition = np.logical_and(dice[:, 0] == dice[:, 1], dice[:, 1] == dice[:, 2])
print('\n三次投掷点数均相同的次数:', condition.sum())    # 计算True的次数
print('投掷情况为:', dice[condition])            # 显示True对应的行
money = 500    # 初始筹码数
bep = 10       # >10赢，<=10输
print('\n初始筹码:', money, ', 盈亏点:', bep, ', 每次输赢1')
# 只需简单统计> bep和<= bep的次数之和，即可计算最后的筹码数
total = money + (point > bep).sum() - (point <= bep).sum()
print('最后筹码:', total)
# 计算投掷过程中曾经达到的最高筹码数、最低筹码数
# np.where判断每次输赢，返回1,-1构成的每次盈亏列，添加到末尾列，变为1000×5
dice = np.column_stack((dice, np.where(dice[:, 3] > bep, 1, -1)))
# np.cumsum累加每次盈亏列，得到累积盈亏列，添加到末尾列，变为1000×6
dice = np.column_stack((dice, np.cumsum(dice[:, 4])))
# 累积盈亏列加初始筹码数，得到当前筹码列，添加到末尾列，变为1000×7
dice = np.column_stack((dice, dice[:, 5] + money))
s = '曾经的最高筹码数{}, 出现在第{}次'
print(s.format(np.max(dice[:, 6]), np.argmax(dice[:, 6])))
s = '曾经的最低筹码数{}, 出现在第{}次'
print(s.format(np.min(dice[:, 6]), np.argmin(dice[:, 6])))
```

程序运行结果：

投掷出666的次数: 2
666出现在第x次 (array([99, 865], dtype=int64),)

三次投掷点数均相同的次数: 22
投掷情况为: [[5 5 5 15]
 [5 5 5 15]
 [6 6 6 18]
 [2 2 2 6]
 [5 5 5 15]
 [5 5 5 15]
 [3 3 3 9]
 [5 5 5 15]
 [4 4 4 12]
 [2 2 2 6]

[5 5 5 15]
 [3 3 3 9]
 [4 4 4 12]
 [5 5 5 15]
 [4 4 4 12]
 [3 3 3 9]
 [1 1 1 3]
 [6 6 6 18]
 [1 1 1 3]
 [3 3 3 9]
 [4 4 4 12]
 [5 5 5 15]]

初始筹码: 500 , 盈亏点: 10 , 每次输赢1
最后筹码: 442
曾经的最高筹码数504, 出现在第57次
曾经的最低筹码数431, 出现在第810次

第9章 使用Pandas进行数据分析

Pandas 是基于NumPy 的一种工具，该工具是为解决数据分析任务而创建的。Pandas 纳入了大量库和一些标准的数据模型，提供了高效地操作大型数据集所需的工具。Pandas提供了大量能使我们快速便捷地处理数据的函数和方法。它被广泛应用到很多领域中，包括经济、统计和分析等学术和商业领域。本章将介绍一些Pandas的基础功能应用。

9.1 Pandas的数据结构介绍

知识要点：
掌握Pandas的两种数据结构Series和DataFrame。
掌握Pandas索引的相关操作。
掌握Pandas的常见操作，比如算数运算、排序和统计计算。
掌握层次化索引的相关操作。
掌握Pandas读写数据的方式。

学习Pandas之前，首先要了解一下Pandas的数据结构。Pandas的数据结构主要有两个，分别是Series和DataFrame，其中，Series是一维的数据结构，DataFrame是二维的和表格型的数据结构。接下来，我们学习这两种数据结构的特点、创建以及使用。

9.1.1 Series数据结构

Series是一个类似于一维数组的对象，可以存储任何数据（整数、浮点数、字符串、对象等），它主要由一组数据和与之相关的索引两部分构成。Series具有以下特点：
- 每个元素都有一个索引，可以使用索引来访问元素。
- 可以使用标签来标识每个元素。
- 可以使用NumPy数组中的函数和运算符对Series进行操作。

Pandas的Series类对象可以使用以下构造方法创建：

```
class pandas.Series（data = None，index = None，dtype = None，
name = None，copy = False，fastpath = False）
```

上述构造方法中常用参数的含义如下：

data:表示传入的数据,数据类型可以是ndarray、list等。
index:表示索引,唯一且个数与数据长度相等,默认会自动创建一个从0~N的整数索引。
dtype:表示数据的类型。
copy:是否复制数据,默认为False。

接下来通过一段示例代码,介绍如何使用列表创建一个Series类对象。

```
import pandas as pd                    # 导入pandas库
ser_obj1 = pd.Series([1, 2, 3, 4, 5])  # 创建Series类对象,使用默认索引
print(ser_obj1)
# 创建Series类对象,并制订索引
ser_obj2 = pd.Series([1, 2, 3, 4, 5],
            index=['a', 'b', 'c', 'd', 'e'])
print(ser_obj2)
```

程序运行结果:

```
0    1
1    2
2    3
3    4
4    5
dtype: int64
a    1
b    2
c    3
d    4
e    5
dtype: int64
```

上述代码中,导入Pandas库之前,首先要使用"pip install pandas"命令安装Pandas模块。然后使用构造方法创建了Series类对象,第一个是使用了默认索引,第二个使用的是指定索引。从输出结果可以看出,左边一列是索引,默认索引是从0开始递增,右边一列是数据,数据的类型是根据传入的列表参数中元素的类型推断出来的,即int64。

除了使用列表来构建Series类对象外,我们还可以使用dict来构建,示例代码如下:

```
import pandas as pd                    # 导入pandas库
stu_score = {'LiLei': 650, 'HanMeimei': 675, 'SunMing': 666}
ser_obj = pd.Series(stu_score)         # 使用dict创建Series类对象
```

```
print(ser_obj)
```

程序运行结果：

```
LiLei       650
HanMeimei   675
SunMing     666
dtype: int64
```

为了方便地操作Series对象中的索引和数据，该对象提供了两个属性index和values分别进行获取，另外，也可以直接使用索引来获取数据。例如，获取刚刚创建的ser_obj对象的索引和数据，代码如下：

```
import pandas as pd                    # 导入pandas库
stu_score = {'LiLei': 650, 'HanMeimei': 675, 'SunMing': 666}
ser_obj = pd.Series(stu_score)         # 使用dict创建Series类对象
print(ser_obj.index)                   # 获取ser_obj的索引
print(ser_obj.values)                  # 获取ser_obj的数据
print(ser_obj['HanMeimei'])            # 使用索引获取数据
print(ser_obj[1])                      # 使用索引位置获取数据
```

程序运行结果：

```
Index(['LiLei', 'HanMeimei', 'SunMing'], dtype='object')
[650 675 666]
675
675
```

上述代码中，通过index属性得到一个Index类的对象，该对象是一个索引对象，后面有针对这个类型的介绍。最后两行代码，分别使用索引值和索引位置获取索引对应的数据。

需要注意的是，索引和数据的对应关系仍保持在数组运算的结果中，也就是说，当某个索引对应的数据进行运算后，其运算的结果仍然与这个索引保持着对应的关系，具体示例代码如下：

```
import pandas as pd                    # 导入pandas库
stu_score = {'LiLei': 650, 'HanMeimei': 675, 'SunMing': 666}
ser_obj = pd.Series(stu_score)         # 使用dict创建Series类对象
print(ser_obj+10)
```

程序运行结果：

LiLei   660
HanMeimei   685
SunMing   676
dtype: int64

9.1.2 DataFrame数据结构

DataFrame 是一个表格型的数据结构，它含有一组有序的列，每列可以是不同的值类型（数值、字符串、布尔型值）。DataFrame 既有行索引也有列索引，其结构示意图如图9-1所示。

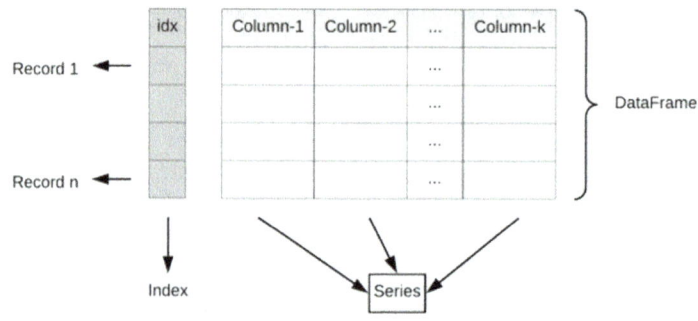

图9-1　DataFrame对象结构示意图

图9-1展示的是DataFrame结构表现形式，其行索引位于最左边一列，列索引位于最上面一行，并且数据可以有多列。与Series的索引相似，DataFrame的索引也可以自动创建，默认是从0~N的整数类型索引。DataFrame具有以下特点：
- 每列有不同的数据。
- 可以使用标签来标识每行和每列。
- 可以使用NumPy数组中的函数和运算符对DataFrame进行操作。

Pandas的DataFrame类对象可以使用以下构造方法创建。

pandas.DataFrame(data=None, index=None, columns=None, dtype=None, copy=None)

上述构造方法中常用参数所表示的含义如下。

data：一组数据（ndarray、series、map、lists、dict等类型）。

index：索引值，或者可以称为行标签，如果没有传入索引参数，则默认会自动创建一个从0~N的整数索引。

columns：列标签，如果没有传入索引参数，则默认会自动创建一个从0~N的整数索引。

dtype：数据类型。

copy：拷贝数据，默认为 False。

下面通过一个示例来演示如何创建DataFrame类对象，具体代码如下：

```python
import pandas as pd           # 导入pandas库
import numpy as np            # 导入numpy库
# 创建数组
arr = np.array([['a', 'b', 'c'], ['d', 'e', 'f']])
# 基于数组创建DataFrame对象，使用默认索引
df_obj1 = pd.DataFrame(arr)
print(df_obj1)
# 基于数组创建DataFrame对象，指定列索引
df_obj2 = pd.DataFrame(arr, columns=['n1', 'n2', 'n3'])
print(df_obj2)
```

程序运行结果：

```
   0 1 2
0  a b c
1  d e f
  n1 n2 n3
0  a  b  c
1  d  e  f
```

上述代码中，如果没有传入索引参数，df_obj对象的行索引和列索引都是自动从0开始的。如果在创建DataFrame类对象时，为其指定了列索引，则DataFrame的列会按照指定索引的顺序进行排列。

为了便于获取每列的数据，我们既可以使用列索引的方式进行获取，也可以通过访问属性的方式来获取列数据，返回的结果是一个Series对象，该对象拥有与原DataFrame对象相同的行索引。示例代码如下：

```python
import pandas as pd           # 导入pandas库
import numpy as np            # 导入numpy库
# 创建数组
arr = np.array([['a', 'b', 'c'], ['d', 'e', 'f']])
# 基于数组创建DataFrame对象，指定列索引
df_obj = pd.DataFrame(arr, columns=['n1', 'n2', 'n3'])
col_data = df_obj['n2']       # 通过列索引的方式获取n2列数据
print(col_data)               # 查看col_data的数据类型
print(type(col_data))
```

```
print(df_obj.n2)            # 通过属性获取列数据
```

程序运行结果：

```
0    b
1    e
Name: n2, dtype: object
<class 'pandas.core.series.Series'>
0    b
1    e
Name: n2, dtype: object
```

如果需要为DataFrame增加一列数据，则可以通过给列索引或者列名称赋值的方式实现，类似于给字典增加键值对的操作。不过，新增列的长度必须与其他列的长度保持一致，否则会报出ValueError异常。如果需要删除某一列数据，则可以使用del语句实现。示例代码如下：

```
import pandas as pd          # 导入pandas库
import numpy as np            # 导入numpy库
# 创建数组
arr = np.array([['a', 'b', 'c'], ['d', 'e', 'f']])
# 基于数组创建DataFrame对象，指定列索引
df_obj = pd.DataFrame(arr, columns=['n1', 'n2', 'n3'])
print(df_obj)
df_obj['n4'] = ['g', 'h']     # 增加n4列数据
print(df_obj)
del df_obj['n3']              # 删除n3列数据
print(df_obj)
```

程序运行结果：

```
  n1 n2 n3
0  a  b  c
1  d  e  f
  n1 n2 n3 n4
0  a  b  c  g
1  d  e  f  h
  n1 n2 n4
0  a  b  g
```

9.2 Pandas索引操作

9.2.1 索引对象

Pandas中的索引都是Index类对象，又称为索引对象，该对象是不可以进行修改的，以保障数据的安全。Index类对象的不可变特性是非常重要的，正因为如此，多个数据结构之间才能够安全地共享Index类对象。例如，创建两个共用同一个Index对象的Series类对象，具体代码如下：

```
import pandas as pd              # 导入pandas库
ser_obj1 = pd.Series(range(3), index=['a', 'b', 'c'])
ser_obj2 = pd.Series([4, 5, 6], index=ser_obj1.index)
print(ser_obj1)
print(ser_obj2)
print(ser_obj1.index is ser_obj2.index)
```

程序运行结果：

```
a    0
b    1
c    2
dtype: int64
a    4
b    5
c    6
dtype: int64
True
```

Pandas还提供了很多Index的子类，常见的有如下几种：

①Int64Index：针对整数的特殊Index对象。

②MultiIndex：层次化索引，表示单个轴上的多层索引。

③DatetimeIndex：存储纳秒级时间戳。

Pandas中提供了一个重要的方法是reindex()，该方法的作用是对原索引和新索引进行匹配，也就是说，新索引含有原索引的数据，而原索引数据按照新索引排序。如果新索引中没有原索引数据，那么程序不仅不会报错，而且会添加新的索引，并将值填充为NaN或者使用fill_vlues()填充其他值。

reindex()方法的语法格式如下。

```
DataFrame.reindex（labels = None，index = None，columns = None，
                axis = None，method = None，copy = True，level = None，
                fill_value = nan，limit = None，tolerance = None）
```

上述方法的部分参数含义如下。
①index：用作索引的新序列。
②method：插值填充方式。
③fill_value：引入缺失值时使用的替代值。
④limit：前向或者后向填充时的最大填充量。
下面通过一个简单示例来演示重新索引的使用，具体代码如下：

```
import pandas as pd                                    # 导入pandas库
ser_obj = pd.Series(range(5), index=['c', 'b', 'a', 'd', 'e'])
print(ser_obj)
ser_obj1 = ser_obj.reindex(['a', 'b', 'c', 'd', 'e', 'f'])    # 重新索引
print(ser_obj1)
```

程序运行结果：

```
c    0
b    1
a    2
d    3
e    4
dtype: int64
a    2.0
b    1.0
c    0.0
d    3.0
e    4.0
f    NaN
dtype: float64
```

上述代码中，创建了一个ser_obj对象，并为其指定索引为"c、b、a、d、e"，接下来又调用了reindex方法对索引进行重新排列，新索引为"a、b、c、d、e、f"，由于索引"f"对应的值不存在，所以使用NaN对缺失的数据进行填充，并且数据类型变为了float64。

如果不想填充为NaN，则可以使用fill_value参数来指定缺失值，具体示例代码如下。

```python
import pandas as pd                                        # 导入pandas库
ser_obj = pd.Series(range(5), index=['c', 'b', 'a', 'd', 'e'])
print(ser_obj)
ser_obj1 = ser_obj.reindex(['a', 'b', 'c', 'd', 'e','f'], fill_value=6)   # 重新索引
print(ser_obj1)
```

程序运行结果：

```
c    0
b    1
a    2
d    3
e    4
dtype: int64
a    2
b    1
c    0
d    3
e    4
f    6
dtype: int64
```

fill_value参数会让所有的缺失数据都填充为同一个值。如果期望使用相邻的元素值进行填充，则可以使用method参数，该参数对应的值有多个，如表9-1所示。

表9-1　method参数的可用值

参数	说明
ffill或pad	向前填充值
bfill或backfill	向后填充值
nearest	从最近的索引值填充

下面通过一段示例代码演示method参数的使用，具体代码如下：

```python
import pandas as pd                    # 导入pandas库
# 创建Series对象，并为其指定索引
ser_obj = pd.Series([1, 3, 5, 7], index=[0, 2, 4, 6])
print(ser_obj)
```

```
# 重新索引,向前填充
ser_obj1 = ser_obj.reindex(range(6), method='ffill')
print(ser_obj1)
# 重新索引,向后填充
ser_obj2 = ser_obj.reindex(range(6), method='bfill')
print(ser_obj2)
```

程序运行结果:

```
0  1
2  3
4  5
6  7
dtype: int64
0  1
1  1
2  3
3  3
4  5
5  5
dtype: int64
0  1
1  3
2  3
3  5
4  5
5  7
dtype: int64
```

上述代码中,创建了一个ser_obj对象,并为其指定索引为"0、2、4、6",接着又调用了reindex()方法对索引重新排列,变为"0、1、2、3、4、5"。

当method参数设置为"ffill"时,则会使用前一个索引对应的数据填充到缺失的位置处;当method参数设置为"bfill"时,则会使用后一个索引对应的数据填充到缺失的位置处。

9.2.2 索引操作

Series类对象属于一维结构,它只有行索引,而DataFrame类对象属于二维结构,它同时拥有行索引和列索引。由于它们的结构有所不同,所以它们的索引操作也会有所不同。下面,分别介绍Series和DataFrame的相关索引操作。

（1）Series的索引操作

Series有关索引的用法类似于NumPy数组的索引，只不过Series的索引值不只是整数。如果我们希望获取某个数据，既可以通过索引的位置来获取，也可以使用索引名称来获取。

Series也可以通过切片来获取数据。如果使用的是位置索引进行切片，则切片结果不包含结束位置；如果使用索引名称进行切片，则切片结果包含结束位置。如果想要获取的是不连续的数据，则可以通过不连续索引来实现。

布尔型索引同样适用于Pandas，具体的用法跟数组的用法一样，将布尔型的数组索引作为模板筛选数据，返回与模板中True位置对应的元素。

下面通过一段示例代码，介绍Series的索引操作。

```python
import pandas as pd              # 导入pandas库
# 创建Series对象，并为其指定索引
ser_obj = pd.Series([1, 2, 3, 4, 5], index=['a', 'b', 'c', 'd', 'e'])
print(ser_obj[1])                 # 使用索引位置获取数据
print(ser_obj['b'])               # 使用索引名称获取数据
print(ser_obj[1: 3])              # 使用索引位置进行切片
print(ser_obj['b': 'd'])          # 使用索引名称进行切片
print(ser_obj[[0, 2, 4]])         # 通过不连续索引位置获取数据
print(ser_obj[['a', 'c', 'e']])   # 通过不连续索引名称获取数据
ser_bool = ser_obj > 2            # 创建bool型Series对象
print(ser_bool)
print(ser_obj[ser_bool])          # 获取结果为True的数据
```

程序运行结果：

```
2
2
b    2
c    3
dtype: int64
b    2
c    3
d    4
dtype: int64
a    1
c    3
e    5
dtype: int64
```

a 1
c 3
e 5
dtype: int64
a False
b False
c True
d True
e True
dtype: bool
c 3
d 4
e 5
dtype: int64

（2）DataFrame的索引操作

DataFrame结构既包含行索引，也包含列索引。其中，行索引是通过index属性进行获取的，列索引是通过columns属性进行获取的。索引的结构如图9-2所示。

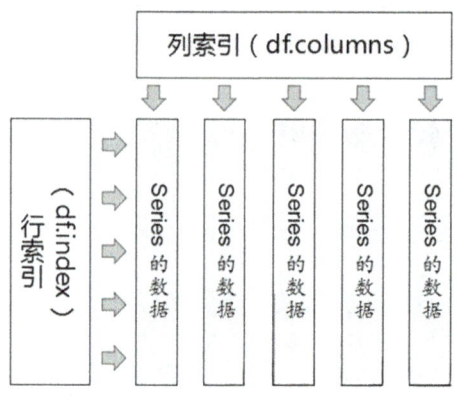

图9-2 DataFrame索引示意图

通过图9-2可以看出，DataFrame中每列的数据都是一个Series对象，我们可以使用列索引进行获取。如果要从DataFrame中获取多个不连续的Series对象，则同样可以使用不连续索引来实现。

下面通过一段示例代码来演示DataFrame的索引操作。

```
import pandas as pd              # 导入pandas库
import numpy as np               # 导入numpy库
arr = np.arange(12).reshape(3, 4) # 创建一个3行4列的数组
# 创建DataFrame对象，并为其指定列索引
```

```
df_obj = pd.DataFrame(arr, columns=['a', 'b', 'c', 'd'])
print(df_obj)
print(df_obj['c'])                    # 获取c列数据
print(type(df_obj['c']))              # 获取c列数据的数据类型
print(df_obj[['b', 'c']])             # 获取不连续的Series对象
print(df_obj[: 2])                    # 使用切片获取第0行和第1行的数据
# 使用切片先通过行索引获取第0~2行的数据,
# 再通过不连续列索引获取第a、c列的数据
print(df_obj[: 3][['a', 'c']])
```

程序运行结果:

```
   a  b   c   d
0  0  1   2   3
1  4  5   6   7
2  8  9  10  11
0   2
1   6
2  10
Name: c, dtype: int32
<class 'pandas.core.series.Series'>
   b   c
0  1   2
1  5   6
2  9  10
   a  b  c  d
0  0  1  2  3
1  4  5  6  7
   a   c
0  0   2
1  4   6
2  8  10
```

虽然DataFrame操作索引能够满足基本数据查看请求,但是仍然不够灵活。为此,Pandas库中提供了操作索引的方法来访问数据,具体包括以下两个。

loc:基于标签索引(索引名称),用于按标签选取数据。当执行切片操作时,既包含起始索引,也包含结束索引。

iloc:基于位置索引(整数索引),用于按位置选取数据。当执行切片操作时,只包含起始

索引，不包含结束索引。

下面通过一段示例代码演示loc()和iloc()方法的使用。

```
import pandas as pd                    # 导入pandas库
import numpy as np                     # 导入numpy库
arr = np.arange(12).reshape(3, 4)      # 创建一个3行4列的数组
# 创建DataFrame对象，并为其指定列索引
df_obj = pd.DataFrame(arr, columns=['a', 'b', 'c', 'd'])
print(df_obj)
print(df_obj.loc[:, ['a', 'c']])       # 通过索引名称获取DataFrame中的多列数据
print(df_obj.iloc[:, [0, 2]])          # 通过索引位置获取DataFrame中的多列数据
```

程序运行结果：

```
   a  b  c   d
0  0  1  2   3
1  4  5  6   7
2  8  9  10  11
   a   c
0  0   2
1  4   6
2  8  10
   a   c
0  0   2
1  4   6
2  8  10
```

9.3 算术运算与数据对齐

Pandas执行算术运算时，会先按照索引进行对齐，对齐以后再进行相应的运算，没有对齐的位置会用NaN进行补齐。其中，Series是按行索引对齐的，DataFrame是按行索引、列索引对齐的。

下面通过一段示例代码演示两个Series对象的加法运算。

```
import pandas as pd                    # 导入pandas库
ser_obj1 = pd.Series(range(1, 4), index=range(3))
print('ser_obj1:\n%s' %ser_obj1)
ser_obj2 = pd.Series(range(4, 9), index=range(5))
```

```
print('ser_obj2:\n%s' %ser_obj2)
print(ser_obj1 + ser_obj2)              # 执行相加运算
```

程序运算结果:

```
ser_obj1:
0    1
1    2
2    3
dtype: int64
ser_obj2:
0    4
1    5
2    6
3    7
4    8
dtype: int64
0    5.0
1    7.0
2    9.0
3    NaN
4    NaN
dtype: float64
```

上述代码中,ser_obj1比ser_obj2少两行数据,对它们进行加法运算时,则会将它们按照索引先进行对齐,对齐的位置进行加法运算,没有对齐的位置使用NaN值填充。

如果不希望使用NaN值填充缺失的数据,则可以通过add()方法来实现,并在调用add()方法时提供fill_value参数的值,fill_value将会使用对象的数据进行补充,示例代码如下:

```
import pandas as pd                                    # 导入pandas库
ser_obj1 = pd.Series(range(1, 4), index=range(3))
ser_obj2 = pd.Series(range(4, 9), index=range(5))
print(ser_obj1.add(ser_obj2, fill_value=0))            # 执行加法运算,补充缺失值
```

程序运行结果:

```
0    5.0
1    7.0
```

```
2    9.0
3    7.0
4    8.0
dtype: float64
```

9.4 数据排序

在数据处理过程中，对数据进行排序也是一种常见操作。由于Pandas中存放的是索引和数据的组合，所以它既可以按照索引进行排序，又可以按照数据进行排序。下面介绍这两种排序方式。

9.4.1 按索引排序

Pandas中按索引排序使用的是sort_index()方法，该方法可以用行索引或者列索引进行排序。以下是sort_index()方法的语法格式。

```
sort_index（axis = 0，level = None，ascending = True，inplace = False，kind =' quicksort '，na_position ='last'，sort_remaining = True ）
```

上述方法中常用参数的说明如下。

axis：轴索引（排序的方向），0表示index（按行），1表示columns（按列）。

level：若不为None，则对指定索引级别的值进行排序，该参数用于多层索引排序中。

ascending：是否升序排列，默认为True表示升序。

inplace：默认为False，表示对数据表进行排序，不创建新的实例。

kind：选择排序算法。

默认情况下，Pandas对象是按照升序排列，当然也可以通过参数ascending=False设置为降序排列。

下面通过一段简单的示例代码来演示如何按索引对Series和DataFrame进行排序。

```
import pandas as pd          # 导入pandas库
import numpy as np
ser_obj = pd.Series(range(1, 6), index=[4, 3, 2, 1, 2])
print(ser_obj)
# 对Series对象按照索引进行升序排列
print('升序：\n%s' %ser_obj.sort_index())
# 对Series对象按照索引进行降序排列
print('降序：\n%s' %ser_obj.sort_index(ascending=False))
df_obj = pd.DataFrame(np.arange(12).reshape(3, 4), index=[2, 1, 3])
print(df_obj)
```

```python
# 对DataFrame对象按行索引升序排列
print('升序：\n%s' %df_obj.sort_index())
# 对DataFrame对象按行索引降序排列
print('降序：\n%s' %df_obj.sort_index(ascending=False))
```

程序运行结果：

```
4    1
3    2
2    3
1    4
2    5
dtype: int64
升序：
1    4
2    3
2    5
3    2
4    1
dtype: int64
降序：
4    1
3    2
2    3
2    5
1    4
dtype: int64
   0  1  2   3
2  0  1  2   3
1  4  5  6   7
3  8  9  10  11
升序：
   0  1  2   3
1  4  5  6   7
2  0  1  2   3
3  8  9  10  11
降序：
   0  1  2   3
```

```
3  8  9  10  11
2  0  1  2  3
1  4  5  6  7
```

需要注意的是,当对DataFrame进行排序操作时,要注意轴的方向。如果没有指定axis参数的值,则默认会按照行索引进行排序;如果指定axis=1,则会按照列索引进行排序。

9.4.2 按数据排序

Pandas中用来按值排序的方法为sort_values(),该方法的语法格式如下:

```
sort_values(by,axis=0, ascending=True, inplace=False, kind='quicksort',na_position='last')
```

上述方法的参数与sort_index()的参数几乎一样。by参数表示排序的列,na_position参数只有两个值:first和last,若设为first,则会将NaN值放在开头;若设为last(默认值),则会将NaN值放在最后。

按照值的大小对Series进行排序的示例代码如下:

```
import pandas as pd                    # 导入pandas库
import numpy as np
ser_obj = pd.Series([3, np.nan, 5, np.nan, –1, 2])
print(ser_obj)
print(ser_obj.sort_values())           # 按值升序排列
```

程序运行结果:

```
0    3.0
1    NaN
2    5.0
3    NaN
4   –1.0
5    2.0
dtype: float64
4   –1.0
5    2.0
0    3.0
2    5.0
1    NaN
3    NaN
```

dtype: float64

从上述代码可以看出,当Series对象调用sort_values()方法按值进行排序时,所有NaN值默认都是放在末尾。如果想让NaN值放在开头,需要将na_position='first'。

在DataFrame中,sort_values()方法可以根据一个或多个列中的值进行排序,但是需要在排序时,将一个或多个列的索引传递给by参数才行。示例代码如下:

```
import pandas as pd            # 导入pandas库
df_obj = pd.DataFrame([[4, -1, -3, 0],
            [2, 6, -1, -7],
            [8, 6, -5, 1]])
print(df_obj)
# 对列索引为2的数据进行排序
print('排序结果:\n%s' %df_obj.sort_values(by=2))
```

程序运行结果:

```
   0  1  2  3
0  4 -1 -3  0
1  2  6 -1 -7
2  8  6 -5  1
排序结果:
   0  1  2  3
2  8  6 -5  1
0  4 -1 -3  0
1  2  6 -1 -7
```

9.5 统计计算与描述

Pandas提供了很多与数学和统计相关的方法,其中大部分都属于汇总统计,用来从Series中获取某个值(如max或min),或者从DataFrame的列表中获取一列数据(如sum)。接下来,将对统计计算和描述进行介绍。

9.5.1 常用的统计计算

Pandas为我们提供了非常多的描述性统计分析的指标方法,比如求和、平均值、最大值和最小值等。表9-2就是常用的统计计算方法及说明。

表9-2 常用描述性统计方法及说明

参数	说明
sum	计算和
mean	计算平均值
median	获取中位数
max、min	获取最大值和最小值
idxmax、idxmin	获取最大和最小索引值
count	计算非NaN值的个数
head	获取前N个值
var	样本值的方差
std	样本值的标准差
skew	样本值的偏度(三阶矩)
kurt	样本值的峰度(四阶矩)
cumsum	样本值的累计和
cummin、cummax	样本值的累积最小值和累积最大值
cumpord	样本值的累计积
describe	对Series和DataFrame列计算汇总统计

下面通过一段示例代码对上述部分方法的使用进行演示。

```
import pandas as pd          # 导入pandas库
import numpy as np
# 创建一个3行3列的DataFrame对象
df_obj = pd.DataFrame(np.arange(9).reshape(3, 3),
            columns=['a', 'b', 'c'])
print(df_obj)
print('每列的和：\n%s' %df_obj.sum())
print('每列的最大值：\n%s' %df_obj.max())
print('每行的最小值：\n%s' %df_obj.min(axis=1))
```

程序运行结果：

```
   a b c
0  0 1 2
1  3 4 5
2  6 7 8
```

每列的和：
a   9
b   12
c   15
dtype: int64
每列的最大值：
a   6
b   7
c   8
dtype: int32
每行的最小值：
0   0
1   3
2   6
dtype: int32

通过程序的运行结果可以看出，DataFrame默认优先以纵向轴进行计算，要想以横向轴进行计算，则需要将axis=1。

9.5.2 统计描述

如果需要一次性输出多个统计指标，比如平均值、最大值、最小值和求和等，可以通过调用describe()方法来实现，describe()方法的语法格式如下：

describe(percentiles=None, include=None, exclude=None)

上述方法中参数的含义如下。

percentiles：输出中包含的百分数，位于[0,1]之间。如果不设置该参数，则默认为[0.25,0.5,0.75]，返回25%，50%，75%分位数。

include、exclude：指定返回结果的形式。

下面通过一段示例代码来演示describe()方法的使用。

```python
import pandas as pd              # 导入pandas库
df_obj = pd.DataFrame([[1, 2, -3, 4],
            [-5, 6, 7, 8],
            [10, 9, 5, 12]])
print(df_obj)
print('输出多个统计指标：\n%s' %df_obj.describe())
```

程序运行结果：

```
      0  1  2  3
0  1  2 -3  4
1 -5  6  7  8
2 10  9  5 12
```

输出多个统计指标：

```
              0         1         2     3
count  3.000000  3.000000  3.000000   3.0
mean   2.000000  5.666667  3.000000   8.0
std    7.549834  3.511885  5.291503   4.0
min   -5.000000  2.000000 -3.000000   4.0
25%   -2.000000  4.000000  1.000000   6.0
50%    1.000000  6.000000  5.000000   8.0
75%    5.500000  7.500000  6.000000  10.0
max   10.000000  9.000000  7.000000  12.0
```

9.6 层次化索引

层次化索引是Pandas的一项重要功能，它使你能在一个轴上拥有多个（两个以上）索引级别。抽象点说，它使你能以低维度形式处理高维度数据。下面将对层次化索引进行详细讲解。

9.6.1 认识层次化索引

前面涉及的Pandas对象都只有一层索引结构(行索引、列索引)，又称为单层索引，层次化索引可以理解为单层索引的延伸，即在一个轴方向上具有多层索引。

对于两层索引结构来说，它可以分为内层索引和外层索引。以某个城市一天某些水果和蔬菜的销量表格为例，我们来认识一下什么是层次化索引，具体如图9-3所示。

		单位：吨
蔬菜	白菜	125
	萝卜	110
	芹菜	130
	茄子	100
水果	苹果	95
	香蕉	80
	西瓜	75
	葡萄	60

图9-3 层次化索引图示

在图9-3中，按照从左往右的顺序，位于最左边的一列是种类名称，表示外层索引，位于中间的一列是具体的蔬菜和水果的名称，表示内层索引，位于最右边的一列是销量，表示数据。

Series和DataFrame均可以实现层次化索引，最常见的方式是在构造方法的index参数中传入一个嵌套列表。下面以图9-3为例，分别创建具有两层索引结构的Series和DataFrame对象，示例代码如下。

```python
import pandas as pd              # 导入pandas库
import numpy as np
# 创建具有两层索引结构的Series对象
mulindex_series = pd.Series([125, 110, 130, 100, 95, 80, 75, 60],
                  index=[['蔬菜','蔬菜','蔬菜','蔬菜',
                          '水果','水果','水果','水果'],
                         ['白菜','萝卜','芹菜','茄子',
                          '苹果','香蕉','西瓜','葡萄']])
print('mulindex_series：\n%s' %mulindex_series)
# 创建具有两层索引结构的DataFrame对象
mulindex_df = pd.DataFrame({'销量':[125, 110, 130, 100, 95, 80, 75, 60]},
                  index=[['蔬菜','蔬菜','蔬菜','蔬菜',
                          '水果','水果','水果','水果'],
                         ['白菜','萝卜','芹菜','茄子',
                          '苹果','香蕉','西瓜','葡萄']])
print('mulindex_df：\n%s' %mulindex_df)
```

程序运行结果：

```
mulindex_series:
蔬菜  白菜    125
    萝卜    110
    芹菜    130
    茄子    100
水果  苹果    95
    香蕉    80
    西瓜    75
    葡萄    60
dtype: int64
mulindex_df:
          销量
蔬菜  白菜   125
    萝卜   110
    芹菜   130
    茄子   100
水果  苹果   95
```

香蕉   80

西瓜   75

葡萄   60

使用DataFrame生成层次化索引的方式与Series生成层次化索引的方式大致相同，都是对参数index进行设置。

特别提醒，在创建层次化索引对象时，嵌套函数中两个列表的长度必须保持一致，否则将会出现ValueError错误。

除了使用嵌套列表的方式构造层次化索引外，还可以通过MultiIndex类的方法构建一个层次化索引，该类提供了3种创建层次化索引的方法：

MultiIndex.from_tuples()：将元组列表转换为MultiIndex。

MultiIndex.from_arrays()：将数组列表转换为MultiIndex。

MultiIndex.from_product()：从多个集合的笛卡尔乘积中创建一个MultiIndex。

使用上面的任何一种方法，都可以返回一个MultiIndex类对象。在MultiIndex类对象中有三个比较重要的属性，分别是levels、labels（MultiIndex从0.24.0版本开始，该属性名换为codes）和names，其中，levels表示每个级别的唯一标签，labels表示每一个索引列中每个元素在levels中对应的第几个元素，names可以设置索引等级名称。

下面介绍如何使用上述三种方法创建MultiIndex对象。

（1）通过from_tuples()方法创建MultiIndex对象

from_tuples()方法可以将包含若干个元组的列表转换为MultiIndex对象，其中元组的第一个元素作为外层索引，元组的第二个元素作为内层索引。示例代码如下：

```
from pandas import MultiIndex
# 创建包含多个元组的列表
list_tuples = [('蔬菜', '白菜'), ('蔬菜', '萝卜'), ('蔬菜', '芹菜'), ('蔬菜', '茄子'),
               ('水果', '苹果'), ('水果', '香蕉'), ('水果', '西瓜'), ('水果', '葡萄')]
# 根据元组列表创建一个MultiIndex对象
multi_index = MultiIndex.from_tuples(tuples=list_tuples,
                    names=['外层索引', '内层索引'])
print(multi_index)
```

程序运行结果：

MultiIndex([('蔬菜', '白菜'),
            ('蔬菜', '萝卜'),
            ('蔬菜', '芹菜'),
            ('蔬菜', '茄子'),
            ('水果', '苹果'),

```
        ('水果', '香蕉'),
        ('水果', '西瓜'),
        ('水果', '葡萄')],
       names=['外层索引', '内层索引'])
```

接下来,创建一个DataFrame对象,把刚创建的multi_index传递给index参数,让对象具有两层索引结构,示例代码如下:

```
import pandas as pd          # 导入pandas库
from pandas import MultiIndex
# 创建包含多个元组的列表
list_tuples = [('蔬菜', '白菜'), ('蔬菜', '萝卜'), ('蔬菜', '芹菜'), ('蔬菜', '茄子'),
        ('水果', '苹果'), ('水果', '香蕉'), ('水果', '西瓜'), ('水果', '葡萄')]
# 根据元组列表创建一个MultiIndex对象
multi_index = MultiIndex.from_tuples(tuples=list_tuples,
                        names=['外层索引', '内层索引'])
values = [[125, 3], [110, 1], [130, 2], [100, 5], [95, 6], [80, 4], [75, 5], [60, 8]]
df_index = pd.DataFrame(data=values, index=multi_index, columns=['销量', '价格'])
print(df_index)
```

程序运行结果:

```
             销量  价格
外层索引 内层索引
蔬菜   白菜    125   3
     萝卜    110   1
     芹菜    130   2
     茄子    100   5
水果   苹果     95   6
     香蕉     80   4
     西瓜     75   5
     葡萄     60   8
```

(2)通过from_arrays()方法创建MultiIndex对象

from_arrays()方法是将数组列表转换为MultiIndex对象,其中嵌套的第一个列表将作为外层索引,嵌套的第二个列表将作为内层索引。示例代码如下:

```
from pandas import MultiIndex
```

```python
# 根据列表创建一个MultiIndex对象
multi_array = MultiIndex.from_arrays(arrays =[['A', 'B', 'A', 'B', 'B'],
                                              ['A1', 'A2', 'B1', 'B2', 'B3']],
                                     names=['外层索引','内层索引'])
print(multi_array)
```

程序运行结果：

```
MultiIndex([('A', 'A1'),
            ('B', 'A2'),
            ('A', 'B1'),
            ('B', 'B2'),
            ('B', 'B3')],
           names=['外层索引', '内层索引'])
```

上述代码中，在创建MultiIndex对象时，arrays参数接收了一个嵌套列表，表示多层索引的标签。需要注意的是，参数arrays既可以接收列表，也可以接收数组，不过每个列表或数组长度必须是相同的。

接下来，创建一个DataFrame对象，把刚创建的multi_array传递给index参数，让该对象具有层级索引结构，示例代码如下：

```python
import pandas as pd           # 导入pandas库
from pandas import MultiIndex
import numpy as np
# 根据列表创建一个MultiIndex对象
multi_array = MultiIndex.from_arrays(arrays =[['A', 'B', 'A', 'B', 'B'],
                                              ['A1', 'A2', 'B1', 'B2', 'B3']],
                                     names=['外层索引','内层索引'])
values = np.array([[1, 2, 3], [4, 5, 5], [6, 7, 7],
                   [7, 8, 8], [8, 9, 9]])
df_array = pd.DataFrame(data=values, index=multi_array)
print(df_array)
```

程序运行结果：

```
            0 1 2
外层索引 内层索引
A      A1   1 2 3
```

```
B  A2  4 5 5
A  B1  6 7 7
B  B2  7 8 8
   B3  8 9 9
```

(3)通过from_product()方法创建MultiIndex对象

from_product()方法表示从多个集合的笛卡尔乘积中创建一个MultiIndex对象。示例代码如下:

```
import pandas as pd          # 导入pandas库
from pandas import MultiIndex
numbers = [0, 1, 2]
colors = ['green', 'purple']
multi_product = pd.MultiIndex.from_product(iterables=[numbers, colors],
                                           names=['number', 'color'])
print(multi_product)
```

程序运行结果:

```
MultiIndex([(0,  'green'),
            (0, 'purple'),
            (1,  'green'),
            (1, 'purple'),
            (2,  'green'),
            (2, 'purple')],
           names=['number', 'color'])
```

接下来,创建一个DataFrame对象,把刚创建的multi_product传递给index参数,让该对象具有两层索引结构。示例代码如下:

```
import numpy as np
import pandas as pd          # 导入pandas库
from pandas import MultiIndex
numbers = [0, 1, 2]
colors = ['green', 'purple']
multi_product = pd.MultiIndex.from_product(iterables=[numbers, colors],
                                           names=['number', 'color'])
values = np.array([[1, 2], [3, 4], [5, 5], [6, 7], [8, 8], [8, 9]])
```

```
df_product = pd.DataFrame(data=values, index=multi_product)
print(df_product)
```

程序运行结果:

```
                0 1
number color
0      green    1 2
       purple   3 4
1      green    5 5
       purple   6 7
2      green    8 8
       purple   8 9
```

9.6.2 层次化索引的操作

有关层次化索引的操作通常包括选取子集操作、交换分层顺序和排序分层。下面对这三种操作进行逐一介绍。

（1）选取子集操作

假设某超市统计某天生鲜类商品的销售情况，并将统计结果记录在图9-4所示的表格中。

		单位：kg
水果	苹果	500
	香蕉	400
	葡萄	200
蔬菜	白菜	800
	萝卜	600
	茄子	300
肉类	猪肉	450
	牛肉	350
	羊肉	220

图9-4 某超市生鲜类商品的日销售情况

图9-4的表格中，从左边数第1列的数据表示生鲜类商品的类别，第2列的数据表示生鲜类商品的名称，第3列的数据表示生鲜类商品的销售量。其中，第1列内容作为外层索引使用，第2列内容作为内层索引使用。

如果超市库管员需要统计水果类生鲜销售的情况，则可以从表中筛选出外层索引标签为水果的子集。具体代码如下：

```
from pandas import Series
ser_obj = Series([500, 400, 200, 800, 600, 300, 450, 350, 220],
```

```
                    index=[['水果','水果','水果',
                            '蔬菜','蔬菜','蔬菜',
                            '肉类','肉类','肉类'],
                           ['苹果','香蕉','葡萄',
                            '白菜','萝卜','茄子',
                            '猪肉','牛肉','羊肉']])
print(ser_obj)
print('获取水果的销售情况：\n%s' %ser_obj['水果'])
print('获取白菜的销售情况：\n%s' %ser_obj[:,'白菜'])
```

程序运行结果：

```
水果  苹果   500
    香蕉   400
    葡萄   200
蔬菜  白菜   800
    萝卜   600
    茄子   300
肉类  猪肉   450
    牛肉   350
    羊肉   220
dtype: int64
```

获取水果的销售情况：

```
苹果   500
香蕉   400
葡萄   200
dtype: int64
```

获取白菜的销售情况：

```
蔬菜   800
dtype: int64
```

在上述代码中，最后一行代码，使用内层索引名通过对象名[:,'内层索引名称']的方式，可以得到其所属的类别（外层索引）和销量。

（2）交换分层顺序

交换分层顺序是指交换外层索引和内层索引的位置。假设将图9-4中的表格进行交换分层操作，则交换前后的结果如图9-5所示。

单位：kg

水果	苹果	500
	香蕉	400
	葡萄	200
蔬菜	白菜	800
	萝卜	600
	茄子	300
肉类	猪肉	450
	牛肉	350
	羊肉	220

交换索引前

单位：kg

苹果	水果	500
香蕉	水果	400
葡萄	水果	200
白菜	蔬菜	800
萝卜	蔬菜	600
茄子	蔬菜	300
猪肉	肉类	450
牛肉	肉类	350
羊肉	肉类	220

交换索引后

图9-5 交换层次化索引的顺序

在Pandas中，交换分层顺序的操作可以使用swaplevel()方法来完成。接下来，我们通过swaplevel()方法来完成图9-5所示的效果，交换外层索引和内层索引的顺序，具体示例代码如下：

```
from pandas import Series
ser_obj = Series([500, 400, 200, 800, 600, 300, 450, 350, 220],
                 index=[['水果', '水果', '水果',
                         '蔬菜', '蔬菜', '蔬菜',
                         '肉类', '肉类', '肉类'],
                        ['苹果', '香蕉', '葡萄',
                         '白菜', '萝卜', '茄子',
                         '猪肉', '牛肉', '羊肉']])
print(ser_obj)
print('交换后的结果：\n%s' %ser_obj.swaplevel())  # 交换内外层索引的位置
```

程序运行结果：

```
水果 苹果   500
  香蕉   400
  葡萄   200
蔬菜 白菜   800
  萝卜   600
  茄子   300
肉类 猪肉   450
  牛肉   350
```

羊肉   220
dtype: int64

交换后的结果：

苹果 水果 500
香蕉 水果 400
葡萄 水果 200
白菜 蔬菜 800
萝卜 蔬菜 600
茄子 蔬菜 300
猪肉 肉类 450
牛肉 肉类 350
羊肉 肉类 220
dtype: int64

上述程序的运行结果，外层索引和内层索引完成了交换，而且交换后它们对应的数据没有发生任何变化。

（3）排序分层

要想按照分层索引对数据排序，则可以通过sort_index()方法实现。该方法的语法结构如下：

sort_index（axis = 0，level = None，ascending = True，inplace = False，kind =' quicksort '，na_position ='last'，sort_remaining = True，by = None ）

上述方法部分参数的含义如下。

by：表示按指定的值排序。

ascending：布尔值，表示是否升序排列，默认为True。

在使用sort_index()方法排序时，会优先选择按外层索引进行排序，然后再按照内层索引进行排序。假如有一个具有两层索引的表格，它按照索引排序前与排序后的效果如图9-6所示。

图9-6 按外层索引排序

接下来，通过一段示例代码来演示如何对具有多层索引结构的Panadas对象进行排序。

```
from pandas import DataFrame
# 创建一个DataFrame对象
df_obj = DataFrame({'word':['a', 'b', 'd', 'e', 'f', 'k', 'd', 's', 'l'],
                    'num':[1, 2, 4, 5, 3, 2, 6, 2, 3],},
                   index=[['A', 'A', 'A', 'C', 'C', 'C','B', 'B', 'B'],
                          [1, 3, 2, 3, 1, 2, 4, 5, 8]])
print(df_obj)
# 调用sort_index()方法按照索引对df_obj进行排序
print('排序后：\n%s' %df_obj.sort_index())
```

程序运行结果：

```
    word num
A 1    a   1
  3    b   2
  2    d   4
C 3    e   5
  1    f   3
  2    k   2
B 4    d   6
  5    s   2
  8    l   3
排序后：
    word num
A 1    a   1
  2    d   4
  3    b   2
B 4    d   6
  5    s   2
  8    l   3
C 1    f   3
  2    k   2
  3    e   5
```

通过程序的运行结果可以看出，外层索引按字母表顺序进行排序，内层索引按照从小到大的顺序进行升序排列，且每行对应的数据均随着索引的位置而发生移动。

如果希望按照num列进行排序，则可以在调用sort_index()方法时传入by参数，示例代码如下：

```
from pandas import DataFrame
# 创建一个DataFrame对象
df_obj = DataFrame({'word':['a', 'b', 'd', 'e', 'f', 'k', 'd', 's', 'l'],
                    'num':[1, 2, 4, 5, 3, 2, 6, 2, 3],},
                    index=[['A', 'A', 'A', 'C', 'C', 'C','B', 'B', 'B'],
                           [1, 3, 2, 3, 1, 2, 4, 5, 8]])
print(df_obj)
# 调用sort_index()方法时传入by参数，按照num列降序排列
print('排序后：\n%s' %df_obj.sort_index(by=['num'],ascending=False))
# 高版本pandas模块，对有些方法进行重写，参数发生改变，这时要使用sort_values()
#print('排序后：\n%s' %df_obj.sort_values(by=['num'],ascending=False))
```

程序运行结果：

```
    word num
A 1  a   1
  3  b   2
  2  d   4
C 3  e   5
  1  f   3
  2  k   2
B 4  d   6
  5  s   2
  8  l   3
排序后：
    word num
B 4  d   6
C 3  e   5
A 2  d   4
C 1  f   3
B 8  l   3
A 3  b   2
C 2  k   2
B 5  s   2
A 1  a   1
```

9.7 读写数据操作

需要分析的数据通常不会直接写入程序中，这样不仅造成程序的臃肿，而且可用率很低，通常的做法是将需要分析的数据存储到本地磁盘中，需要的时候读取数据文件。针对不同的存储文件，Pandas读取数据的方式是不同的。下面介绍常用的几种格式文件的读写。

9.7.1 读写文本文件

文本文件，主要包括csv和txt两种格式，csv文件是一种纯文本文件，可以使用任何文本编辑器进行编辑，它支持追加模式，节省内存开销。因为csv文件具有很多优点，所以在很多时候会将数据保存到csv文件。txt文件也是比较常见的一种文本文件。

Pandas中提供了read_csv()和to_csv()两种方法，分别用于读取文本文件和写入文本文件。另外，对于txt文件还可以使用read_table()读取数据。下面对这些方法进行具体介绍。

（1）通过to_csv()方法将数据写入文本文件

to_csv()方法的功能是将数据写入文本文件中，其语法格式如下。

DataFrame.to_csv(self, path_or_buf=None, sep=',', na_rep=' ', float_format=None, columns=None, header=True, index=True, index_label=None, mode='w', encoding=None, compression=None, quoting=None, quotechar='"', line_terminator='\n', chunksize=None, date_format=None, doublequote=True, escapechar=None, decimal='.')

上述方法中常用参数的含义如下。

path_or_buf：文件路径。

index：默认为True，若设为False，则将不会显示索引。

sep：分隔符，默认用","隔开。

如果指定的路径下文件不存在，则会新建一个文件来保存数据；如果文件已经存在，则会将文件的内容进行覆盖。

接下来，通过一段示例代码来演示如何将DataFrame对象中的数据写入文本文件。

```
from pandas import DataFrame
# 创建一个DataFrame对象
df_obj = DataFrame({'column_one':[1, 2, 3],
                    'column_two':[4, 5, 6]})
# 将df对象写入csv格式的文件中
df_obj.to_csv(r'D:\例子\test.csv', index=False)
print('写入完毕')
```

上述示例中，创建了一个3行2列的df对象，然后通过to_csv()方法将df对象中的数据写入指定的位置。为了提示程序运行结束，在末尾打印了一句"写入完毕"。

程序运行完成之后，会在指定的存储位置处生成一个名为"test.csv"的文件。使用wps工具打开这个文件，可以看到写入的数据如图9-7所示。

	A	B	C	D
1	column_one	column_two		
2	1	4		
3	2	5		
4	3	6		
5				
6				

图9-7　test.csv文件

（2）通过read_csv()方法读取文本文件的数据

read_csv()方法的作用是将CSV文件的数据读取出来，转换成DataFrame对象展示。read_csv()方法的语法格式如下：

```
read_csv(filepath_or_buffer,sep=',', delimiter=None, header='infer', names=None, index_col=None, usecols=None,
         prefix=None, ...)
```

上述方法中常用参数的含义如下。

filepath_or_buffer：表示文件路径，可以为URL字符串。

sep：指定使用的分隔符，默认用"，"分隔。

header：指定行数用来作为列名。

names：用于结果的列名列表。如果文件不包含标题行，则应该将该参数设置为None。

index_col：用作行索引的列编号或者列名，如果给定一个序列，则表示有多个行索引。

接下来，通过一段示例代码来演示如何使用read_csv()方法读取文本文件的内容。

```
import pandas as pd
file = open(r'C:\工作\test.csv')
# 读取指定目录下csv格式的文件
file_data = pd.read_csv(file)
print(file_data)
```

程序运行的结果：

```
   column_one  column_two
0           1           4
1           2           5
2           3           6
```

如果读取的是txt文件，既可以使用read_csv()方法，也可以使用read_table()方法读取。假如现在有一个名为"text.txt"的txt文件，文件打开后的内容如图9-8所示。

图9-8 打开的test.txt文件

下面使用read_table()方法读取test.txt文件中的数据，具体代码如下。

```
import pandas as pd
file = open(r'C:\工作\test.txt')
# 读取指定目录下的csv格式的文件
file_data = pd.read_table(file)
print(file_data)
```

程序运行结果：

```
  Num1
0   1
1   2
2   3
```

上述示例中，调用read_table()方法读取test.txt文件，默认读取时以"\t"为分隔符，并将数据转换成data对象展示。由于文本文件中只有三行内容，所以默认将文件中的第一行内容作为索引列。

9.7.2 读写Excel文件

Excel文件也是比较常见的用于存储数据的方式，它里面的数据均是以二维表格的形式显示的，可以对数据进行统计、分析和汇总等操作。Excel文件的扩展名有.xls和.xlsx两种。

Pandas是一个强大的Python数据分析工具，它提供了许多函数来读取和处理不同类型的数据，包括Excel文件。可以使用Pandas的read_excel函数来读取Excel文件，可以使用Pandas的to_excel函数来写入Excel文件。它们的具体操作如下。

（1）使用to_excel()方法写入Excel文件

to_excel()方法是Pandas库中DataFrame对象的一个方法，它可以将DataFrame对象的数据写入Excel文件中。该方法的语法格式如下：

```
to_excel(excel_writer,sheet_name='Sheet',na_rep='',float_format=None,columns=None,
header=True, index=True,index_label=None, startrow=0, startcol=0, engine=None,
    merge_cells=True, encoding=None, inf_rep='inf',verbose=True, freeze_panes=None)
```

上述方法中常用参数表示的含义如下。

①excel_writer：表示读取的文件路径。

②sheet_name：表示工作表的名称，可以接收字符串，默认为“Sheet1”。

③na_rep：表示缺失数据。

④index：表示是否写行索引，默认为True。

下面是一个简单的示例代码，演示如何使用to_excel()方法将DataFrame对象写入Excel文件。

```
import pandas as pd
#创建一个DataFrame对象
data = {'name': ['LiLei', 'WangLei', 'ZhangLi'],
    'Age': [26, 25, 27],
    'City': ['Beijing', 'Shanghai', 'Guangzhou']}
df = pd.DataFrame(data)
#将DataFrame对象的数据写入Excel文件
df.to_excel(r'D:\数据分析\msg.xlsx', sheet_name='学生信息')
print('写入完毕')
```

程序运行后，打开“D:\数据分析\msg.xlsx”文件，文件内容如图9-9所示。

	A	B	C	D	E
1		name	Age	City	
2	0	LiLei	26	Beijing	
3	1	WangLei	25	Shanghai	
4	2	ZhangLi	27	Guangzhou	
5					

学生信息

图9-9　打开msg.xlsx文件

值得一提的是，如果程序运行过程中出现“ModuleNotFoundError: No module named 'openpyxl'”的错误，这个错误的原因是Python环境中缺少了名为“openpyxl”的库，打开Terminal终端使用“pip install openpyxl”命令安装即可。

另外，如果写入的文件不存在，则系统会自动创建一个文件，反之则会将原文中的内容进行覆盖。

（2）使用read_excel()函数读取Excel文件

read_excel()函数用于读取Excel文件，它支持读取任何格式的Excel文件，包括xls、xlsx、xlsm、xlsb等。它可以轻松地从Excel文件中提取数据，并将其转换为Pandas的DataFrame对象。其语法格式如下：

pandas.read_excel(io, sheet_name=0, header=0, names=None, index_col=None, usecols=None, squeeze=None, dtype=None, engine=None, converters=None, true_values=None, false_values=None, skiprows=None, nrows=None, na_values=None, keep_default_na=True, na_filter=True, verbose=False, parse_dates=False, date_parser=None, thousands=None, decimal='.', comment=None, skipfooter=0, convert_float=None, mangle_dupe_cols=True, storage_options=None)

上述函数中常用参数表示的含义如下：
①io：文件路径。
②sheet_name：sheet名称，可以是数字或sheet名，默认'sheet1'。
③header：指定标题行，默认第一行为标题，可以设置多行如[0,1]为标题行。
④names：在header=None的前提下，补充列名。
⑤index_col ：用于指定索引，默认为None，设置多列索引index_col=[0,1]。
⑥usecols：用于指定读取的列，默认为None，读取第2～4列usecols = [1,2,3]。
⑦engine："xlrd"支持.xls，"openpyxl"支持.xlsx。
⑧dtype：指定数据列的类型，如{'a': np.float64, 'b': str}。
⑨converters：转换指定列的函数字典{"A":lambda x: x/100, "B":lambda x: x/100}。
⑩skiprows：省略指定行数的数据，从第一行开始。
⑪skipfooter：省略指定行数的数据，是从尾部数的行开始。

接下来，通过read_excel()函数将msg.xlsx文件中的数据全部读取出来，示例代码如下：

```
import pandas as pd
# 读取msg.xlsx文件中的数据
data = pd.read_excel(r'D:\数据分析\msg.xlsx')
print(data)
```

程序运行结果如下：

```
   Unnamed: 0   name  Age    City
0       0      LiLei   26  Beijing
1       1    WangLei   25  Shanghai
2       2    ZhangLi   27  Guangzhou
```

9.7.3 读写HTML表格数据

Pandas提供read_html(),to_html()两个函数用于读写html格式的文件。这两个函数非常有用，把DataFrame等复杂的数据结构转换成HTML表格很简单，无需编写一长串HTML代码就能实现。Pandas这方面的能力很强大，如果读者从事web开发，这个功能将带来很多便捷。

（1）写数据到HTML文件

下面我们来学习把DataFrame转换成HTML表格的方法。DataFrame的内部结构被自动转换为嵌入在表格中的<TH>,<TR>,<TD>标签，保留所有内部层级结构。使用该函数，无需了解HTML知识。因为有时候DataFrame等数据结构太复杂，规模很大，所以对需要开发网页的人来说，往HTML文件中写入数据的函数作用很大。

to_html()函数可以直接把DataFrame转换成HTML表格，该函数在Pandas数据结构内部定义，因此可以直接在DataFrame对象上调用to_html()函数，示例代码如下：

```
import pandas as pd
# 获取Excel表格中的数据
data = pd.read_excel(r'C:\数据分析\各城市房屋销售统计表.xlsx')
# 通过type()函数查看data的数据类型为DataFrame类型
print(type(data))
# 通过print打印，可以看到DataFrame的内部结构被自动转换为嵌入在表格中的
# <TH>,<TR>,<TD>标签。
print(data.to_html())
# 将DataFrame数据转换成HTML表格
html_table = data.to_html(r'D:\数据分析\test.html')
```

程序运行结果：

```
<class 'pandas.core.frame.DataFrame'>
<table border="1" class="dataframe">
  <thead>
    <tr style="text-align: right;">
      <th></th>
      <th>序号</th>
      <th>城市</th>
      <th>销售套数（第一周）</th>
      <th>销售套数（第二周）</th>
      <th>销售套数（第三周）</th>
      <th>销售套数（第四周）</th>
      <th>销售总数</th>
      <th>销售数量排名</th>
```

```
    </tr>
  </thead>
  <tbody>
    <tr>
      <th>0</th>
      <td>1</td>
      <td>北京</td>
      <td>992</td>
      <td>1190</td>
      <td>1900</td>
      <td>1992</td>
      <td>6074</td>
      <td>7</td>
    </tr>
    <tr>
      <th>1</th>
      <td>2</td>
      <td>上海</td>
      <td>2756</td>
      <td>2843</td>
      <td>3194</td>
      <td>3456</td>
      <td>12249</td>
      <td>2</td>
    </tr>
    ...
    <tr>
      <th>19</th>
      <td>20</td>
      <td>温州</td>
      <td>98</td>
      <td>342</td>
      <td>91</td>
      <td>44</td>
      <td>575</td>
      <td>20</td>
    </tr>
  </tbody>
```

</table>

打开"D:\数据分析"目录可以看到生成了一个test.html的文件,使用浏览器打开,如图9-10所示。

(2)读取HTML表格中的数据

我们可以使用Pandas中的read_html()函数来读取HTML网页中的表格数据,并返回一个包含多个DataFrame对象的列表。read_html()函数的语法格式如下。

pandas.read_html(io,match='.+',flavor=None,header=None,index_col=None,skiprows=None, attrs=None,parse_dates=False, thousands=', ', encoding=None, decimal='.', converters=None, na_values=None,keep_default_na=True, displayed_only=True)

	序号	城市	销售套数(第一周)	销售套数(第二周)	销售套数(第三周)	销售套数(第四周)	销售总数	销售数量排名
0	1	北京	992	1190	1900	1992	6074	7
1	2	上海	2756	2843	3194	3456	12249	2
2	3	广州	1528	1639	1688	2021	6876	5
3	4	深圳	489	843	811	852	2995	15
4	5	天津	1263	1747	1516	1990	6516	6
5	6	重庆	4188	5444	4966	5290	19888	1
6	7	杭州	346	997	1368	1050	3761	13
7	8	南京	683	935	1178	1178	3974	12
8	9	武汉	2004	3808	2573	2583	10968	3
9	10	苏州	1021	680	981	963	3645	14
10	11	宁波	859	1038	1276	1238	4411	11
11	12	厦门	695	257	258	302	1512	17
12	13	福州	256	176	428	339	1199	18
13	14	青岛	1162	1287	2521	2727	7697	4
14	15	大连	493	574	502	472	2041	16
15	16	兰州	234	222	267	393	1116	19
16	17	银川	850	1110	893	2332	5185	8
17	18	贵阳	1114	1211	1104	1083	4512	10
18	19	昆明	735	1372	1487	1107	4701	9
19	20	温州	98	342	91	44	575	20

图9-10 HTML文件中的表格

如果想对格式做进一步调整(增加标题、修改颜色等),就需要一些HTML知识了,可以对生成的test.html文件中的文本进行调整。

上述函数中常用参数表示的含义如下。

①io:表示路径对象。

②header:表示指定列标题所在的行。

③index_col:表示指定行标题对应的列。

④attrs:默认为None,用于表示表格的属性值。

假设现有一个HTML网页表格,该表格包含的数据如图9-11所示。

	游戏名称	总金额(元)
	竞彩足球	4,096,715,018
	竞彩篮球	480,306,658
	合计	4,577,021,676

图9-11 网页表格数据

接下来，我们通过一个示例来演示如何使用read_html()函数读取HTML表格中的数据，具体代码如下：

```
import pandas as pd
import requests
html_data = requests.get('https://www.lottery.gov.cn/xxgk/tzgg/jcgg/20230828/10035602.html')
html_table_data = pd.read_html(html_data.content, encoding='utf-8')
print(html_table_data[0])
```

程序运行结果：

```
         0           1
0    游戏名称      总金额(元)
1    竞彩足球    4096715018
2    竞彩篮球     480306658
3      合计    4577021676
```

需要注意的是，在使用read_html()函数读取网页中的表格数据时，要注意网页的编码格式。

9.7.4 读写数据库

我们知道，海量的数据需要借助于数据库进行存储，这主要是依赖于数据库的数据结构化、数据共享性、独立性等特点。因此，在实际生产环境中，绝大多数的数据都存储在数据库中。Pandas支持MySQL、Oracle、SQLite等主流数据库的读写操作。

为了高效地对数据库中的数据进行读取，这里需要引入SQLAlchemy。SQLAlchemy是使用Python编写的一款开源软件，它提供的SQL工具包和对象映射工具能够高效地访问数据库。在使用SQLAlchemy时需要使用相应的连接工具包，比如MySQL需要安装mysqlconnector，Oracle则需要安装cx_oracle。

Pandas的io.sql模块中提供了常用的读写数据库函数，具体如表9-3所示。

表9-3 pandas.io.sql模块常用的函数

函数	说明
read_sql_table()	将读取的整张数据表中的数据转换成DataFrame对象
read_sql_query()	将SQL语句读取的结果转换成DataFrame对象
read_sql()	上述两个函数的结合，既可以读取数据表也可以读SQL语句
to_sql()	将数据写入SQL数据库中

在表9-3中列举了各个函数的具体功能。其中，read_sql_table()函数与read_sql_query()函数都可以将读取的数据转换为DataFrame对象，前者表示将整张表的数据转换成DataFrame，后者则表示将执行SQL语句的结果转换为DataFrame对象。

特别注意：在连接MySQL数据库时，这里使用的是mysqlconnector驱动，如果当前的Python环境中没有该模块，则需要使用pip install mysql-connector命令安装该模块（如果连接的数据库是Mysql8以后版本，则安装mysql-connector-python）。

下面介绍如何读写数据库中的数据，具体内容如下。

（1）使用read_sql()函数读取数据

read_sql()函数既可以读取整张数据表，又可以执行SQL语句，其语法格式如下：

```
pandas.read_sql(sql, con, index_col=None, coerce_float=True, params=None, parse_dates=None, columns=None, chunksize=None)
```

各参数意义如下。

①sql：sql命令字符串。

②con：连接sql数据库的engine，一般可以用sqlalchemy或者pymysql之类的包建立。

③index_col：选择某一列作为index。

④coerce_float：将数字形式的字符串直接以float型读入。

⑤parse_dates：将某一列日期型字符串转换为datetime型数据，与pd.to_datetime功能类似。可以直接提供需要转换的列名以默认的日期形式转换，也可以用字典的格式提供列名和转换的日期格式，比如{column_name: format string}（format string："%Y:%m:%H:%M:%S"）。

⑥columns：要选取的列，一般用途不大，因为在sql命令里面一般就指定要选择的列了。

⑦chunksize：如果提供了一个整数值，那么就会返回一个generator，每次输出的行数就是提供的值的大小。

如果发现数据中存在空值，则会使用NaN进行补全。

现在MySQL数据库有一张数据表，该表中的内容如图9-12所示。

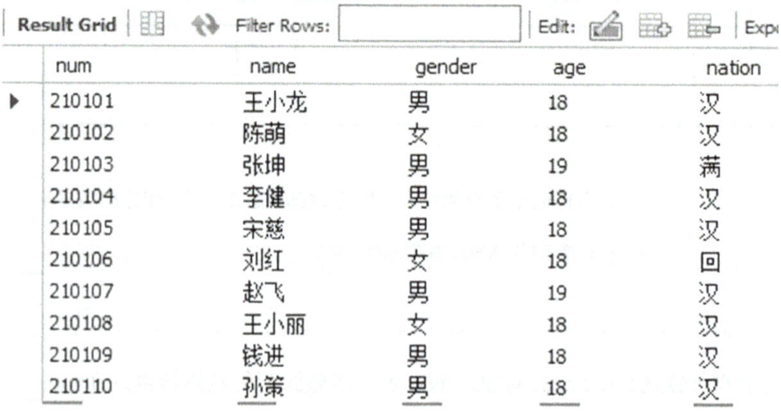

num	name	gender	age	nation
210101	王小龙	男	18	汉
210102	陈萌	女	18	汉
210103	张坤	男	19	满
210104	李健	男	18	汉
210105	宋慈	男	18	汉
210106	刘红	女	18	回
210107	赵飞	男	19	汉
210108	王小丽	女	18	汉
210109	钱进	男	18	汉
210110	孙策	男	18	汉

图9-12 stu_info表

下面通过一个示例来演示如何使用read_sql()函数读取数据库中的数据表stu_info中的数据，示例代码如下：

```
import pandas as pd
from sqlalchemy import create_engine
# mysql账号为:root 密码为:123456 数据库名:pandas_schema
# 数据表名称：stu_info
# 通过create_engine()函数创建连接数据库的信息
engine = create_engine('mysql+mysqlconnector://root:123456'
            '@127.0.0.1:3306/pandas_schema')
# 调用read_sql读取数据库中的数据表
print(pd.read_sql('stu_info', engine))
```

程序运行结果：

```
    num name gender  age nation
0 210101 王小龙    男 18    汉
1 210102 陈萌    女 18    汉
2 210103 张坤    男 19    满
3 210104 李健    男 18    汉
4 210105 宋慈    男 18    汉
5 210106 刘红    女 18    回
6 210107 赵飞    男 19    汉
7 210108 王小丽    女 18    汉
8 210109 钱进    男 18    汉
9 210110 孙策    男 18    汉
```

上述代码中，在使用create_engine()函数创建连接时，其格式为："数据库类型+数据库驱动名称://用户名:密码@机器地址:端口号/数据库名"。

read_sql()函数还可以执行一个SQL语句，并将执行结果转换成DataFrame对象，示例代码如下：

```python
import pandas as pd
from sqlalchemy import create_engine
# mysql账号为:root 密码为:123456 数据库名:pandas_schema
# 数据表名称：stu_info
# 通过create_engine()函数创建连接数据库的信息
engine = create_engine('mysql+mysqlconnector://root:123456'
            '@127.0.0.1:3306/pandas_schema')
# 查询数据表中所有男生的信息
sql = 'select * from stu_info where gender = "男"'
# 调用read_sql读取sql语句查询的结果
print(pd.read_sql(sql, engine))
```

程序运行的结果：

```
   num    name gender age nation
0  210101  王小龙   男    18   汉
1  210103  张坤    男    19   满
2  210104  李健    男    18   汉
3  210105  宋慈    男    18   汉
4  210107  赵飞    男    19   汉
5  210109  钱进    男    18   汉
6  210110  孙策    男    18   汉
```

需要注意的是，这里的SQL语句不仅是用于筛选的SQL语句，其他用于增删改查的SQL语句都是可以执行的。

（2）使用to_sql()方法将数据写入数据库中

to_sql()方法是Pandas中用于将Series或DataFrame数据写入数据库的方法，其语法格式如下：

```
to_sql(name, con, if_exists='fail', index=True, index_label=None, chunksize=None, dtype=None)
```

各参数所表示的含义如下。

①name：表名。

②con：数据库连接对象，可以使用pandas.io.sql的create_engine()函数创建。

③if_exists：表存在时的处理方法，默认为"fail"，可选值为"fail""replace""append"。其中，fail的含义是如果表存在则不执行写入操作；replace的含义是如果表存在，则将源数据库表删除再重新创建。append的含义是如果表存在，那么在源数据库表的基础上追加数据。

④index：是否将DataFrame索引存入数据库，默认为True。

⑤index_label：索引列的列名，默认为None。

⑥chunksize：将数据批量插入表中时，每一批的长度，默认为None，即一次性插入整个DataFrame。

⑦dtype：传入字典形式的列名及数据类型，可以将DataFrame中的列按照预定义的数据类型存入数据库中。

下面，通过一个示例来演示如何使用Pandas向数据库中写入数据。

假如，现在向pandas_schema数据库的stu_info数据表中写入几条新的数据，具体代码如下：

```python
import pandas as pd
from sqlalchemy import create_engine
# 创建一个DataFrame
df = pd.DataFrame({'num': [210111, 210112], 'name': ['王鹏', '孔铭'],
            'gender': ['男', '男'], 'age': [19, 18],
            'nation': ['汉', '汉']})
# mysql账号为:root 密码为:123456 数据库名:pandas_schema
# 数据表名称：stu_info
# 通过create_engine()函数创建连接数据库的信息
engine = create_engine('mysql+mysqlconnector://root:123456'
            '@127.0.0.1:3306/pandas_schema')
# 将DataFrame存入数据库
df.to_sql('stu_info', con=engine, if_exists='append', index=False)
# 查询数据表中所有信息
sql = 'select * from stu_info'
print(pd.read_sql(sql, engine))
```

程序运行结果如下：

```
   num name gender age nation
0  210101  王小龙    男    18    汉
1  210102  陈萌     女    18    汉
2  210103  张坤     男    19    满
3  210104  李健     男    18    汉
4  210105  宋慈     男    18    汉
5  210106  刘红     女    18    回
```

```
6   210107  赵飞    男  19  汉
7   210108  王小丽  女  18  汉
8   210109  钱进    男  18  汉
9   210110  孙策    男  18  汉
10  210111  王鹏    男  19  汉
11  210112  孔铭    男  18  汉
```

9.8 案例——北京和上海近10年房屋销售情况统计分析

为了让大家更好地理解和运用Pandas的基础知识，接下来，通过一个北京和上海近10年房屋销售情况的案例，让大家首先读取2013—2022年房屋的销售单价和成交量的表格，然后，进一步分析获取的数据，以及分析近10年来房屋销售单价和成交量的发展趋势。

9.8.1 案例分析

由于本章只是学习了Pandas的一些基础知识，所以本案例的主要任务是对北京和上海近10年房屋销售情况的数据进行一些简单的操作，具体是做以下几项数据分析。

①北京和上海房屋销售的最高均价和最低均价分别是多少？相差多少？北京和上海房屋最大成交量和最小成交量分别是多少？相差多少？

②2022年和2021年相比，北京与上海的房屋销售均价和成交量分别变化了多少？

③求近10年来北京与上海的房屋销售均价和成交量的平均值。

9.8.2 数据准备

对案例进行分析之后，首要的任务是准备数据，这里是从网上爬取的北京和上海近10年房屋销售情况的数据，并整理到house.xlsx表格中，如图9-13所示。

	A	B	C	D	E
1		北京		上海	
2		房屋均价	成交套数	房屋均价	成交套数
3	2022	59534	123553	72068	393215
4	2021	71745	190380	62489	412423
5	2020	69884	83245	51679	331436
6	2019	63718	87638	57761	317328
7	2018	63825	85372	55379	305275
8	2017	62145	83459	51343	294178
9	2016	53907	87317	41412	258371
10	2015	44875	91726	32678	237429
11	2014	22862	105467	30394	175272
12	2013	22249	104367	27765	177319

图9-13 house.xlsx表格数据

从图9-13的表格可以看出，数据有两层列标题，外层的列标题分别是"北京"和"上海"，内层的列标题分别是这两个城市的"房屋均价"和"成交套数"。

9.8.3 分析数据

在对house.xlsx中的数据进行操作之前,需要使用Pandas提供的read_excel()函数将house.xlsx表格中的数据转换成DataFrame对象,具体示例代码如下:

```
import pandas as pd
# 指定列标签的索引列表
df_obj = pd.read_excel(r'D:/数据分析/house.xlsx', header=[0, 1])
print(df_obj)
```

程序运行结果

	Unnamed: 0_level_0	北京		上海	
	Unnamed: 0_level_1	房屋均价	成交套数	房屋均价	成交套数
0	2022	59534	123553	72068	393215
1	2021	71745	190380	62489	412423
2	2020	69884	83245	51679	331436
3	2019	63718	87638	57761	317328
4	2018	63825	85372	55379	305275
5	2017	62145	83459	51343	294178
6	2016	53907	87317	41412	258371
7	2015	44875	91726	32678	237429
8	2014	22862	105467	30394	175272
9	2013	22249	104367	27765	177319

上述代码中,按照house.xlsx文件的路径,调用read_excel()函数进行读取,由于表格有多个列标题,所以需要使用header参数确定列标签的索引[0, 1],表明Excel表格前两行都是列标签。从程序运行结果可以看出,表格中左侧的一列数据作为行索引,表格中的最上面两行数据作为多层列索引。

生成DataFrame对象以后,可以看出它的行索引是升序排列的,如果我们想让行索引降序排列可以使用sorted_index()方法,并且给该方法传递一个ascending=False参数,具体代码如下:

```
import pandas as pd
# 指定列标签的索引列表
df_obj = pd.read_excel(r'D:/数据分析/house.xlsx', header=[0, 1])
# 让DataFrame行索引降序排列
sorted_obj = df_obj.sort_index(ascending=False)
print(sorted_obj)
```

程序运行结果：

Unnamed: 0_level_0	北京		上海	
Unnamed: 0_level_1	房屋均价	成交套数	房屋均价	成交套数
9	2013	22249	104367	27765	177319
8	2014	22862	105467	30394	175272
7	2015	44875	91726	32678	237429
6	2016	53907	87317	41412	258371
5	2017	62145	83459	51343	294178
4	2018	63825	85372	55379	305275
3	2019	63718	87638	57761	317328
2	2020	69884	83245	51679	331436
1	2021	71745	190380	62489	412423
0	2022	59534	123553	72068	393215

接下来，按照前面案例分析中的一些需求对DataFrame数据进行处理，从而获取需要的数据。

（1）获取北京和上海房屋销售的最高均价和最低均价，获取北京和上海房屋最大成交量和最小成交量

该需求可以使用max()函数和min()函数进行运算，另外可以使用索引取出一列数据，然后，调用ptp()函数计算极差，具体代码如下：

```
import pandas as pd
import numpy as np
# 指定列标签的索引列表
df_obj = pd.read_excel(r'D:/数据分析/house.xlsx', header=[0, 1])
# 让DataFrame行索引降序排列
sorted_obj = df_obj.sort_index(ascending=False)
print('------------------最高均价和最大成交套数--------------------')
print(sorted_obj.max())
print('------------------最低均价和最小成交套数--------------------')
print(sorted_obj.min())
print('--------------------北京房屋均价极差----------------------')
print(np.ptp(sorted_obj['北京', '房屋均价']))
print('--------------------北京成交套数极差----------------------')
print(np.ptp(sorted_obj['北京', '成交套数']))
print('--------------------上海房屋均价极差----------------------')
print(np.ptp(sorted_obj['上海', '房屋均价']))
```

```python
print('-------------------上海成交套数极差-------------------')
print(np.ptp(sorted_obj['上海', '成交套数']))
```

程序运行结果：

```
----------------最高均价和最大成交套数----------------
Unnamed: 0_level_0  Unnamed: 0_level_1    2022
北京                  房屋均价                71745
                    成交套数               190380
上海                  房屋均价                72068
                    成交套数               412423
dtype: int64
----------------最低均价和最小成交套数----------------
Unnamed: 0_level_0  Unnamed: 0_level_1    2013
北京                  房屋均价                22249
                    成交套数                83245
上海                  房屋均价                27765
                    成交套数               175272
dtype: int64
-------------------北京房屋均价极差-------------------
49496
-------------------北京成交套数极差-------------------
107135
-------------------上海房屋均价极差-------------------
44303
-------------------上海成交套数极差-------------------
237151
```

（2）比较2022年和2021年北京与上海的房屋销售均价和成交量的差值

如果要比较2022年和2021年北京与上海房屋销售均价和成交量，则需要获取每列的值，然后，再分别对行索引为"2022"和"2021"的数据进行相减操作，以比较两者相差多少，具体代码如下：

```python
import pandas as pd
# 指定列标签的索引列表
df_obj = pd.read_excel(r'D:/数据分析/house.xlsx', header=[0, 1])
# 让DataFrame行索引降序排列
sorted_obj = df_obj.sort_index(ascending=False)
```

```python
# 获取北京房屋均价数据
ser_obj1 = sorted_obj['北京', '房屋均价']
print('--------------2022年和2021年北京房屋均价的差值--------------')
print(ser_obj1[0] – ser_obj1[1])
# 获取北京房屋成交套数数据
ser_obj2 = sorted_obj['北京', '成交套数']
print('--------------2022年和2021年北京房屋成交套数的差值--------------')
print(ser_obj2[0] – ser_obj2[1])
# 获取上海房屋均价数据
ser_obj3 = sorted_obj['上海', '房屋均价']
print('--------------2022年和2021年上海房屋均价的差值--------------')
print(ser_obj3[0] – ser_obj3[1])
# 获取上海房屋成交套数数据
ser_obj4 = sorted_obj['上海', '成交套数']
print('--------------2022年和2021年上海房屋成交套数的差值--------------')
print(ser_obj4[0] – ser_obj4[1])
```

程序运行结果

```
--------------2022年和2021年北京房屋均价的差值--------------
–12211
--------------2022年和2021年北京房屋成交套数的差值--------------
–66827
--------------2022年和2021年上海房屋均价的差值--------------
9579
--------------2022年和2021年上海房屋成交套数的差值--------------
–19208
```

（3）求近10年来北京与上海的房屋销售均价和成交量的平均值

使用mean()函数或describe()函数都可以计算出每列的平均数，我们这里使用describe()函数来查看多个统计指标，具体代码如下：

```python
import pandas as pd
# 指定列标签的索引列表
df_obj = pd.read_excel(r'D:/数据分析/house.xlsx', header=[0, 1])
# 让DataFrame行索引降序排列
sorted_obj = df_obj.sort_index(ascending=False)
# 删除Unnamed列
sorted_obj.drop(sorted_obj.filter(regex="Unnamed"),axis=1, inplace=True)
# 使用describer()函数来查看多个统计指标
```

```
print(sorted_obj.describe())
```

程序运行结果:

	北京		上海	
	房屋均价	成交套数	房屋均价	成交套数
count	10.000000	10.000000	10.000000	10.000000
mean	53474.400000	104252.400000	48296.800000	290224.600000
std	17991.774591	32900.299945	14758.606467	80262.341466
min	22249.000000	83245.000000	27765.000000	175272.000000
25%	47133.000000	85858.250000	34861.500000	242664.500000
50%	60839.500000	89682.000000	51511.000000	299726.500000
75%	63798.250000	105192.000000	57165.500000	327909.000000
max	71745.000000	190380.000000	72068.000000	412423.000000

上述程序代码中,使用drop()方法删除了sorted_obj中Unnamed表示年份的列,因为计算分析这一列的数据没有任何意义。

第10章 数据可视化

知识要点：

了解数据可视化的概念和数据可视化工具。
掌握Matplotlib库的基本使用。
熟悉Seaborn库的基本使用。
了解Bokeh库的基本使用。

一堆使用文本或数值的信息展现的数据，我们单一看的话，很难看出数据之间的关系和规律。如果借助一些图形工具把这些数据做成各种图，那么数据之间的关系和规律就很明显了。数据可视化用于以更直接的表示方式显示数据，它可以用柱状图、散点图、折线图、饼图等形式形成。由此可见，数据可视化对于数据分析而言有重要意义。

Python中提供了一些数据可视化的工具包，比如Matplotlib、Seaborn和Bokeh等，本章将对这些工具的基本用法进行介绍。

10.1 数据可视化工具

Python数据可视化是利用Python语言和相关工具包对数据进行可视化展示的技术，其能够通过图表、图形等方式直观地展示数据的特征和规律，让我们更好地理解数据。

在数据挖掘和分析过程中，数据可视化是非常重要的一环，能够使数据更具可读性和易于理解性。通过Python数据可视化工具可以很容易地将数据进行可视化展示，实现大数据量下的快速可视化，找出数据中的规律和关系，并辅助我们做出更科学有效的决策。

接下来，对一些基于Python的几种常用可视化工具库进行介绍。

（1）Matplotlib库

Matplotlib 是Python的一个2D绘图库，它以各种硬拷贝格式和跨平台的交互式环境生成出版质量级别的图形。它基于NumPy的数组运算功能，绘图功能非常强大，已经成为Python中公认的数据可视化工具。通过Matplotlib，开发者可以仅需要几行代码，便可以生成绘图、直方图、功率谱、条形图、错误图及散点图等。

Matplotlib具有以下特点：

①易用性：Matplotlib可以轻松创建各种类型的图表（如线图、柱状图、饼图等），而且支持自定义设置和高度可视化效果。

②交互性：Matplotlib提供丰富的交互式功能，比如鼠标指针悬停提示、拖动和缩放等，使

得数据分析更加方便和快捷。

③兼容性：Matplotlib支持多种操作系统和绘图环境（如Jupyter Notebook、PyCharm等），并且能够与其他常用的科学计算库（如Numpy、Pandas等）无缝集成。

④社区活跃：Matplotlib有一个庞大的社区支持，不断地推出新的版本和更新，可以帮助用户及时了解最新技术和优化。

⑤可扩展性：Matplotlib支持自定义插件、主题、样式和色彩等，用户可以根据自己的需要进行定制和扩展。

（2）Seaborn库

Seaborn是一个基于Python语言的数据可视化库，它能够创建高度吸引人的可视化图表，在Matplotlib库的基础上，提供更为简便的API和更为丰富的可视化函数，使得数据分析与可视化变得更加容易。Seaborn的设计哲学是以美学为中心，致力于创建最佳的数据可视化，同时也保持着与Python生态系统的高度兼容性，可以轻松集成到Python数据分析以及机器学习的工作流程中。

Seaborn具有以下特点：

①基于Matplotlib绘图风格，增加了一些绘图模式。
②增加调色板功能，具有色彩丰富的显示数据的模式。
③面向整个数据集，可以显示多个变量之间的关系。
④可视化单变量和双变量分布以及在数据子集间进行比较。
⑤不同种类因变量的线性回归模型的自动估计和绘图。
⑥方便查看复杂数据集的整体结构。
⑦灵活处理时间序列数据。
⑧利用网络建立复杂图像集。

（3）Bokeh库

Bokeh是一个交互式的可视化库，为浏览器而生。它的绘图特点是通过对通用形状的操作构造出优雅、简洁的图，并提供高性能的交互。它能与NumPy、Pandas等大部分数组或表格样式的数据结构进行完美结合，从而帮助我们轻松快速地做出可交互的图、仪表板（Dashboard）以及数据应用。

Bokeh库具有以下特点：

①使用简单的指令可以快速创建复杂的统计图。
②提供如HTML、Notebook文档和服务器的输出。
③可以处理大量的数据流。
④支持Python、Scala、R、Julia等多种语言。
⑤可以转换使用其他库(如Matplotlib)编写的可视化程序。
⑥能够灵活地将交互式应用、布局和不同样式选择用于可视化。

除上述列举的这三个库外，Python还提供了很多用于可视化的库，它们的用法都大同小异，在本章就不一一说明了。

10.2　Matplotlib库绘制图表

Matplotlib 是一个非常强大的 Python 画图工具，我们可以使用该工具将很多数据通过图表的形式更直观地呈现出来，并且提供多样化的输出格式。

要想使用Matplotlib绘制图表，需要先导入绘制图表的模块pyplot，该模块提供了一种类似Matlab的绘图方式，每一个pyplot函数都可以使一幅图像做出些许改变，例如创建一幅图，在图中创建一个绘图区域，在绘图区域中添加一条线等。具体代码如下：

```
import matplotlib.pyplot as plt
```

另外，如果要在Jupyter Notebook（此前被称为 IPython notebook，是一个交互式笔记本）中绘图，则需要增加如下魔术命令：

```
%matplotlib inline
```

10.2.1　通过figure()函数创建画布

在pyplot模块中，默认包含一个Figure对象，可以把该对象看作一张空白的画布，用来容纳图表的各种组件，比如图例、坐标轴等。

比如，在默认的画布上绘制简单的图形，示例代码如下：

```
import matplotlib.pyplot as plt
import numpy as np
data1 = np.arange(100, 201)      # 生成包含100~200的数组
plt.plot(data1)                  # 绘制data1折线图
plt.show()                       # 在本机显示图形
```

上述代码中，首先通过arange()方法生成一个包含100~200之间所有整数的数组data1，然后在默认的Figure对象上，调用plot()函数，通过传递的参数data1绘制一张折线图，最后调用show()函数在本机上显示。上面提到的一些函数，大家只需了解即可，后续会有详细的介绍。程序的运行结果如图10-1所示。

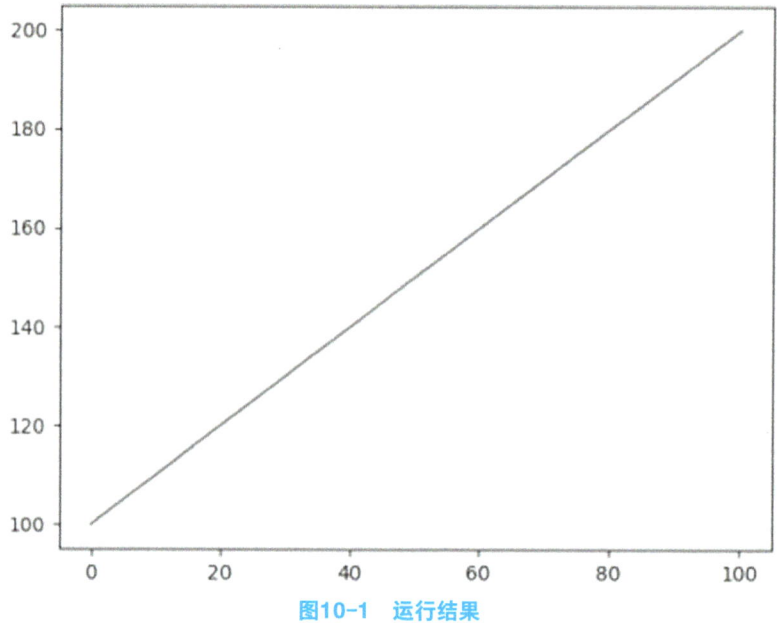

图10-1 运行结果

观察运行结果，可以看到，在一个固定大小的画布上有一条向上倾斜的直线。如果使用默认的画布绘制图形，则可以调用figure()函数构建一张新的空白画布。figure()函数的语法结构如下：

```
matplotlib.pyplot.figure(num=None, figsize=None, dpi=None, facecolor=None,
edgecolor=None, frameon=True, FigureClass=<class 'matplotlib.figure.Figure'>,
clear=False, **kwargs)
```

部分参数表示的含义如下：

①num：图像编号或名称，数字为编号，字符串为名称。如果没有提供该参数，则会创建一个新的图形，并且这个图形的编号会增加；如果提供该参数，并且具有此id的图形已经存在，则会将其激活并返回对其的引用，若此图形不存在，则会创建并返回它。

②figsize：指定figure的宽和高，单位为英寸。

③dpi参数指定绘图对象的分辨率，即每英寸多少个像素，缺省值为80。

④facecolor：用于设置画布背景颜色。

⑤edgecolor：用于显示边框颜色。

⑥frameon：表示是否显示边框。

⑦FigureClass：派生自matplotlib.figure.Figure的类，可以选择使用自定义的图形对象。

⑧clear：若设为Ture且该图形已经存在，则它会被清除。

接下来，调用figure()函数创建新的空白画布，并且为其添加灰色背景颜色，最后在这张画布上绘制另外一张折线图，示例代码如下：

```
import matplotlib.pyplot as plt
import numpy as np
data2 = np.arange(200, 301)              # 生成包含100~200的数组
figure_obj = plt.figure(facecolor='gray')  # 创建背景为灰色的新画布，返回Figure实例
print(figure_obj)
plt.plot(data2)                           # 绘制data2的折线图
plt.show()                                # 在本机显示图形
```

上述代码中，首先生成了一个包含200~300之间所有整数的数组data2，然后调用figure()函数创建了一个灰色画布，然后根据data2在灰色画布上绘制了一个简单的图形，并调用show()函数进行显示。程序运行结果如图10-2所示。

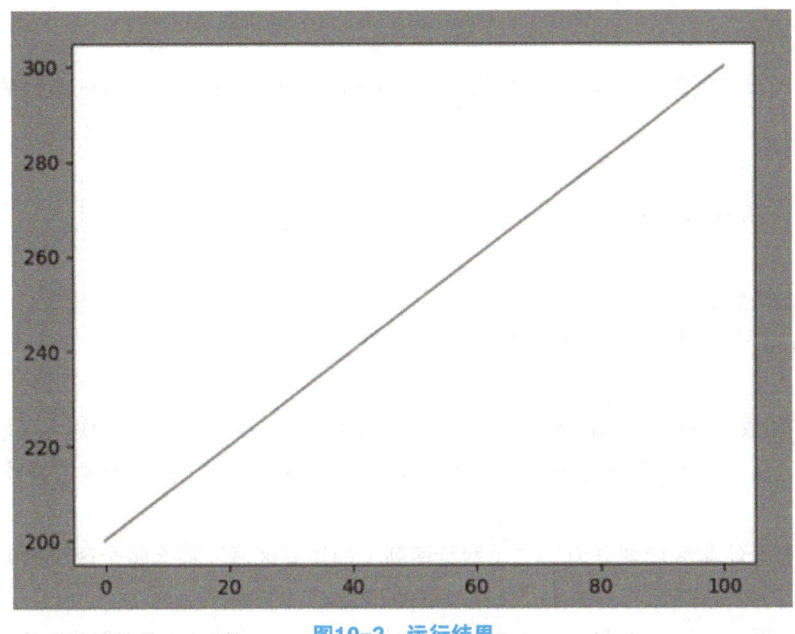

图10-2　运行结果

通过比较图10-1和图10-2可以看出，x轴的刻度范围为0~100，y轴的刻度范围为指定的数值区间。这是因为在调用plot()函数时，如果传入了单个列表或数组，则会将其设为y轴序列，且自动生成x轴序列。x轴的序列从0开始，与y轴序列具有相同的长度，所以范围为0~100。

10.2.2　通过subplot()函数创建单个子图

很多场景下，我们需要将多个图形绘制到同一画布上。Figure对象允许划分为多个绘图区域，每个绘图区域都是一个Axes对象，它拥有属于自己的坐标系统，被称为子图。

为了让大家更好地区分Figure与Axes，下面通过一张示意图来描述两者之间的关系，具体如图10-3所示。

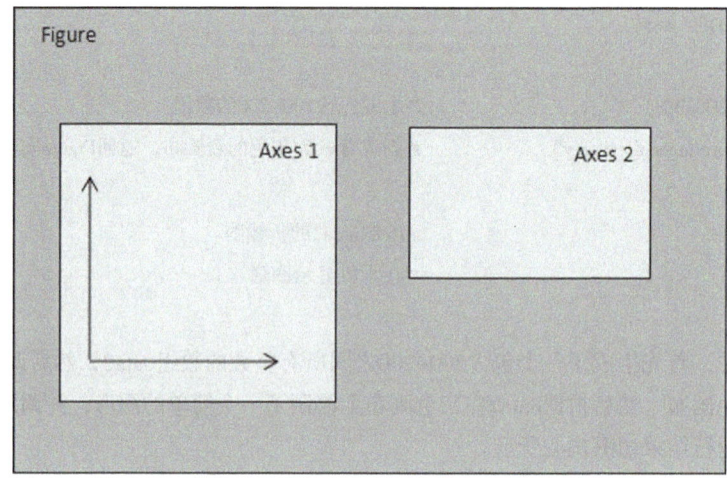

图10-3　Figure与Axes的关系示意图

要想在画布上创建一个子图,则可以通过subplot()函数实现。subplot()函数的语法格式如下。

subplot(nrows, nclos, index, **kwargs)

参数的含义如下。

①nrows,ncols:表示子区网格的行数、列数。

②index:表示矩阵区域的索引。

subplot()函数会将整个绘图区域等分为"nrows(行)× ncols(列)"的矩阵区域,之后按照从左到右、从上到下的顺序对每个区域进行编号。其中,位于左上角的子区域编号为1,依次递增。

例如,整个绘制区域划分为2×2(两行两列)的矩阵区域,那么每个区域的编号依次为subplot(2,2,1)、subplot(2,2,2)、subplot(2,2,3)、subplot(2,2,4)。

另外,如果nrows、ncols和index这三个参数的值都小于10,则可以把它们简写为一个三位数的实数。例如,subplot(223)等价于subplot(2,2,3)。

为了让大家更好理解,下面通过一个简单的示例来演示如何创建单个子图,并在子图上绘制简单的图形,具体代码如下:

```python
import matplotlib.pyplot as plt
import numpy as np
# 生成包含0~100的数组
data = np.arange(0, 101)
# 新建画布
plt.figure(facecolor='gray',edgecolor='red')
# 将画布分成2×2的矩阵区域,占用编号为1的区域,即第1行第1列的子图
```

```
plt.subplot(2,2,1)
# 在选中的子图上作图
plt.plot(data,data)
# 将画布分成2×2的矩阵区域，占用编号为2的区域，即第1行第2列的子图
plt.subplot(2,2,2)
# 在选中的子图上作图
plt.plot(data,-data)
# 将画布分成2×1的矩阵区域，占用编号为2的区域，即第2行的子图
plt.subplot(2,1,2)
# 在选中的子图上作图
plt.plot(data,data**2)
# 在本机上显示图形
plt.show()
```

上述代码中，首先使用arange()函数生成了一个包含0~100之间的所有整数的数组data用作绘图的数据，然后使用figure()函数创建了一个画布，接下来，使用subplot()函数将整个画布划分成矩阵区域，并选中子图所在的区域，使用plot()函数进行绘图。最后，通过show()函数让绘制的图形在本机上显示。

程序运行结果如图10-4所示。

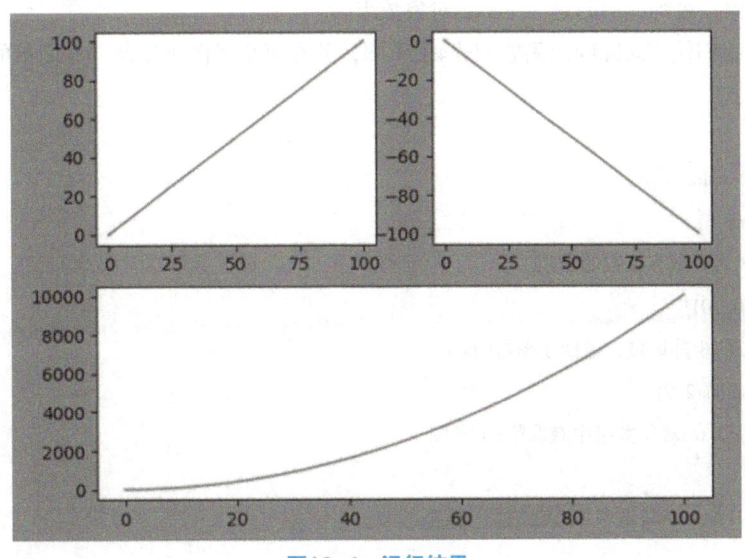

图10-4　运行结果

10.2.3　通过subplots()函数创建多个子图

如果想一次性创建一组子图，则可以通过subplots()函数进行实现。subplots()函数的语法格式

如下：

subplot(nrows=1, nclos=1, sharex=False,sharey=False,squeeze=True,
subplot_kw=None,gridspec_kw=None, **fig_kw)

常用参数的含义如下。
①nrows：表示规划区域的行数，默认为1。
②ncols：表示规划区域的列数，默认为1。
③sharex，sharey：表示是否共享子图的x轴或y轴，若设为"True"或"all"，则表示x或y轴在所有的子图中共享；若设为"False"或"None"，则每个子图的x轴或y轴是独立的；若设为"row"，则每个子图沿着行方向共享x轴或y轴；若设为"col"，则每个子图沿着列方向共享x轴或y轴。
④squeeze：表示是否返回压缩的Axes对象数组，默认为True。当squeeze为True时，若nrows和ncols均为1，则subplots()函数会返回一个Axes对象;若nrows和ncols均大于1，则subplots()函数会返回一个Axes对象数组。当参数squeeze为False时，subplots()函数会返回一个包含Axes对象的二维数组。
⑤gridspec_kw：表示用于控制区域结构属性的字典。

subplots()函数会返回一个元组，元组的第一个元素为Figure对象（画布），第二个元素为Axes对象（子图，包含坐标轴和画的图）或Axes对象数组。如果创建的是单个子图，则返回的是一个Axes对象，否则返回的是一个Axes对象数组。

接下来，我们使用subplots()函数创建4个子图，并在每个子图上绘制一些简单的图形，具体示例代码如下：

```python
import matplotlib.pyplot as plt
import numpy as np
# 生成包含0~100之间所有整数的数组
data = np.arange(0, 101)
# 将画布分成2*2的矩阵区域，返回子图数组axes
fig, axes = plt.subplots(2, 2)
# 根据索引[0, 0]从Axes对象数组中获取第1个子图
axe1 = axes[0, 0]
# 根据索引[0, 1]从Axes对象数组中获取第2个子图
axe2 = axes[0, 1]
# 根据索引[1, 0]从Axes对象数组中获取第3个子图
axe3 = axes[1, 0]
# 根据索引[1, 1]从Axes对象数组中获取第4个子图
axe4 = axes[1, 1]
# 在选中的子图上作图
```

```
axe1.plot(data,data)
axe2.plot(data,-data)
axe3.plot(data,data**2)
axe4.plot(data,np.log(data))
# 将图形在本机上显示
plt.show()
```

在上述示例代码中，首先生成一个包含0~100之间所有整数的数组nums，用作绘图数据，然后调用subplots()函数将整个绘图区域划分成2×2的矩阵区域，即创建了4个子图，它们全部存放在axes数组中，接着使用索引从axes数组中获取每个子图，调用plot()函数在这些子图上分别作图。最后，使用show()函数将图形在本机上进行显示。运行结果如图10-5所示。

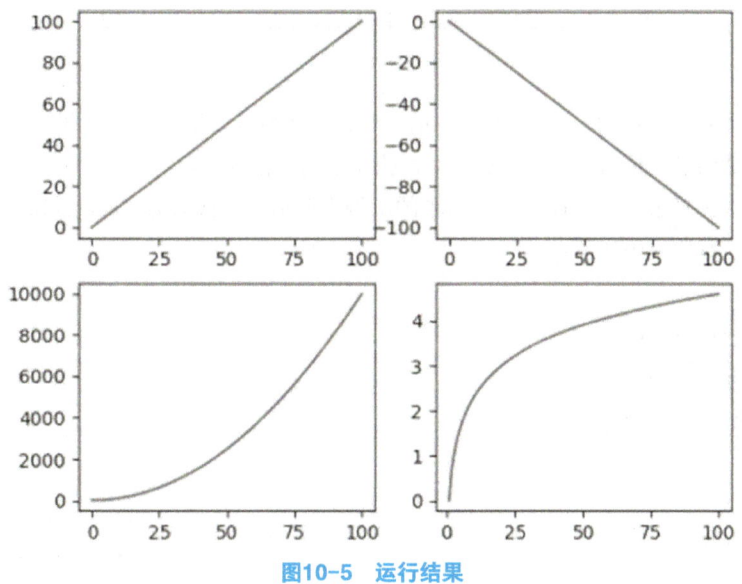

图10-5　运行结果

10.2.4　通过add_subplot()方法添加和选中子图

add_subplot()是Matplotlib库中的一个方法，用于创建一个指定大小的子图，并将其添加到指定位置的figure中。它可以快速地为我们创建不同布局的子图。

add_subplot()方法的语法格式如下：

```
add_subplot(*args, **kwargs)
```

上述方法中，*args参数表示一个三位的实数或三个独立的实数，也就是说，在使用add_subplot()时，需要指定三个参数：行数，列数，子图编号。其中，行数和列数指定了图像排列的方式，即将Figure对象分割成"行数×列数"大小的区域，子图编号指定了将要创建的子图在figure中的位置。

比如，调用add_subplot()方法时传入的是"2,2,2"，便会选中"2×2"的矩阵中编号为2的区域进行绘图，如图10-6所示。

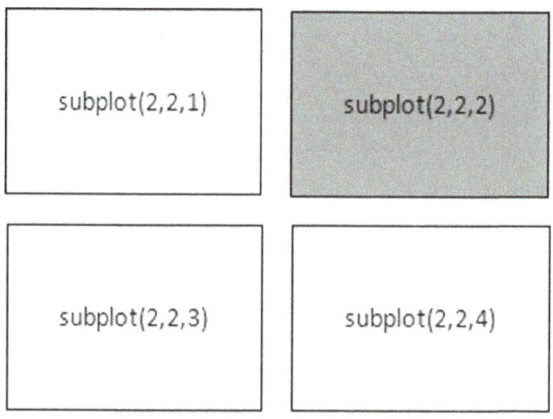

图10-6　创建并选中第二个子图

需要说明的是，每调用一次add_subplot()方法会规划画布划分子图，但只会添加一个子图。当调用plot()函数绘制图形时，会画在最后一次指定子图的位置上。

为了方便大家理解，下面通过一个简单的示例来演示一下如何通过add_subplot()方法创建子图和选中子图。具体代码如下：

```python
import matplotlib.pyplot as plt
import numpy as np
# 创建Figure实例
fig = plt.figure()
# 添加子图
fig.add_subplot(2,2,1)
fig.add_subplot(2,2,3)
fig.add_subplot(2,2,4)
fig.add_subplot(2,2,2)
# 生成包含0~100所有整数的数组
data = np.arange(0, 101)
# 在子图上作图
plt.plot(data,data**3)
# 在本机上显示图形
plt.show()
```

上述代码中，首先创建了一个Figure类对象fig，然后调用add_subplot()方法将fig对象划分为一个2行2列的矩阵区域，且最后选中了编号为2的区域，那么图形将在该区域上绘制，调用plot()函数在编号为2的区域绘制图形，最后，调用show()函数将图形在本机上进行显示。

程序运行结果如图10-7所示。

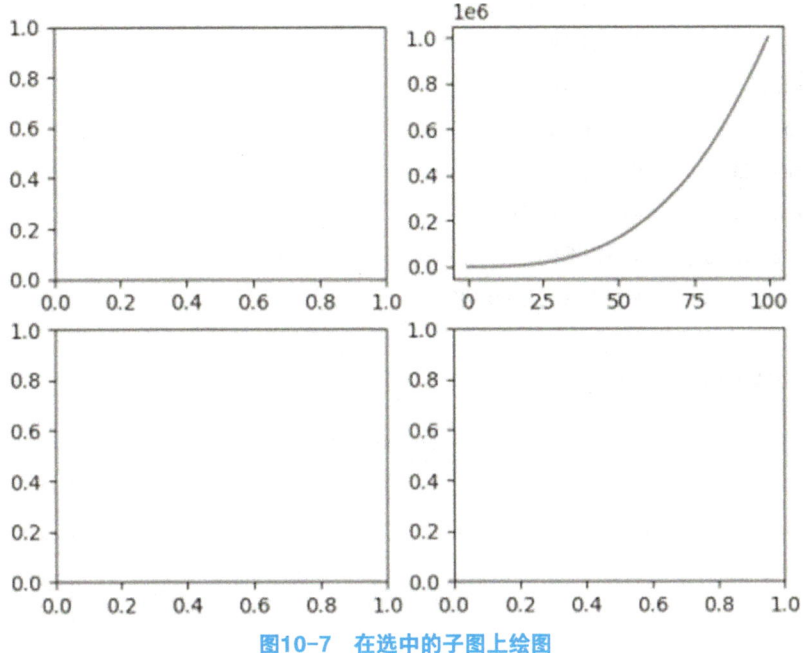

图10-7　在选中的子图上绘图

10.2.5　添加各类标签

绘制图形的时候，往往需要添加一些标签信息，比如标题、坐标轴的刻度和坐标名称等。pyplot模块中提供了一些为图形添加标签的函数，常用的函数如下。

- title()：设置当前轴的标题。
- xlabel()：设置当前图形x轴的标签名称。
- ylabel()：设置当前图形y轴的标签名称。
- xticks()：指定x轴刻度的数目与取值。
- yticks()：指定y轴刻度的数目与取值。
- xlim()：设置或获取当前图形x轴的范围。
- ylim()：设置或获取当前图形y轴的范围。
- legend()：在轴上放置一个图例。

需要注意的是，我们既可以先绘制图形，也可以先添加标签。但是，图例的添加只能在绘制完图形之后。

接下来，通过一段简单的示例代码演示如何给图形添加各种标签，具体代码如下：

```
import matplotlib.pyplot as plt
import numpy as np
# 生成0~1.1之间，步长为0.1的浮点数组
data = np.arange(0, 1.1, 0.1)
```

```
plt.title('Simple Title')          # 添加标题
plt.xlabel('X')                    # 添加x轴名称
plt.ylabel('Y')                    # 添加y轴名称
plt.xticks([0, 0.5, 1])            # 设置x轴的刻度
plt.yticks([0, 0.5, 1.0])          # 设置y轴的刻度
plt.plot(data, data**2)            # 绘制y=x^2曲线
plt.plot(data, data**3)            # 绘制y=x^3曲线
plt.legend(['y=x^2', 'y=x^3'])     # 添加图例
plt.show()                         # 在本机上显示图形
```

程序运行结果如图10-8所示。

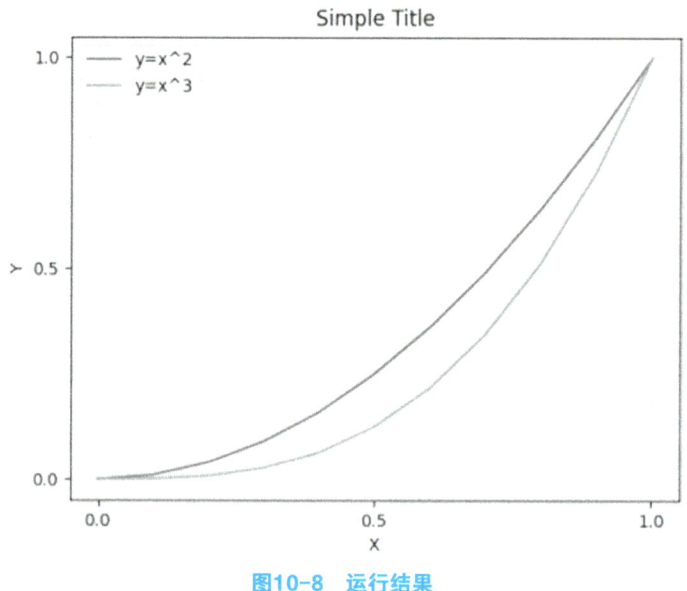

图10-8　运行结果

需要注意的是，在使用Matplotlib绘图时，如果要设置的图表标题中有中文字符，则会变成方格子而无法正确显示。但实际上Matplotlib是支持中文编码的，造成这种情况的主要原因是Matplotlib库的配置信息里面没有中文字体的相关信息，这个问题可以通过以下方式来解决。

在Python的脚本中动态设置matplotlibrc，具体代码如下：

```
# 设置显示中文字体
plt.rcParams['font.sans-serif'] = [u'FangSong']
```

另外，由于字体更改以后，会导致坐标轴中部分字符无法正常显示，这时需要更改axes.unicode_minus参数，具体代码如下：

```
# 设置正常显示符号
```

```
plt.rcParams['axes.unicode_minus'] = False
```

上面的实例代码中,如果加上上面两行代码,就可以设置含中文字符的标题了,程序运行结果如图10-9所示。

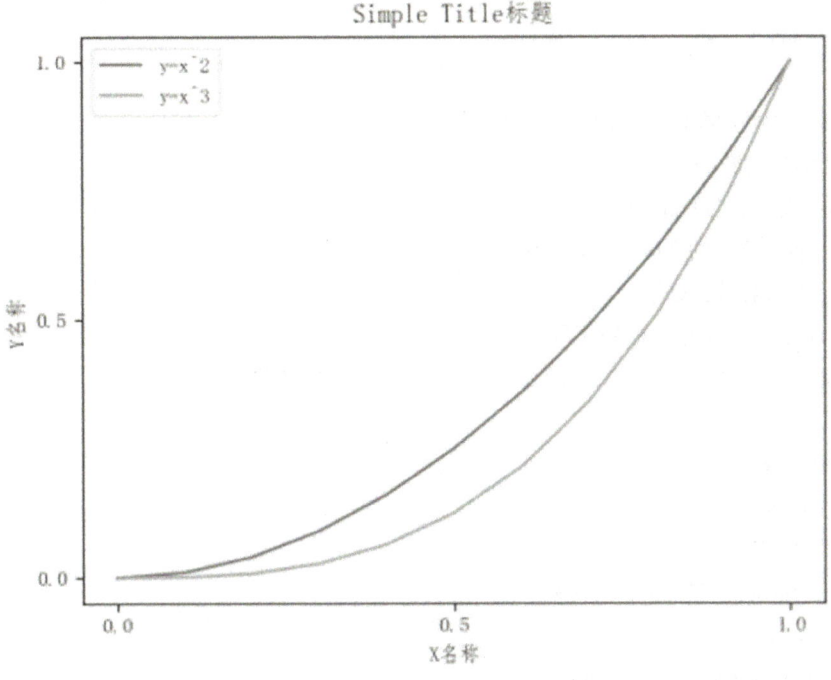

图10-9 程序运行结果

10.2.6 绘制常见图表

matplotlib.pyplot模块中包含了快速生成多种图表的函数,常见的函数及其说明如下。

- bar(x, y):绘制x和y序列的柱状图。
- plot(x, y):绘制x和y序列的折线图或点图。
- hist(x):绘制x序列的直方图。
- hlines(y, xmin, xmax):绘制y序列的水平线图。
- vlines(x, ymin, ymax):绘制x序列的垂直线图。
- pie(x):绘制x序列的饼图。
- boxplot(x):根据x矢量序列(或二维数组)绘制箱式图。
- scatter(x, y, s=None, c=None):根据x序列和y序列对应元素值绘制散点图,s定义元素符号,c定义元素颜色。
- specgram(x):绘制x序列光谱图。
- stackplot():绘制堆积区域图。

接下来,在上面的函数中选用几个进行举例,让大家看一下如何使用这些函数绘制图表。

(1)绘制柱状图

柱状图是一种以长方形的长度为变量的统计报告图,由一系列高度不等的纵向条纹表示数据分布的情况,用来比较两个或以上的价值,只有一个变量,通常用于较小的数据集分析。

pyplot模块中用于绘制柱状图的函数为bar(),其语法格式为:

bar(x, height, width, *, align='center', **kwargs)

上述函数中常用参数表示的含义如下:

x:表示x轴的数据。
height:表示条形的高度。
width:表示条形的宽度,默认为0.8。
color:表示条形的颜色。
edgecolor:表示条形边框的颜色。

下面通过一个具体的示例来演示如何通过bar()函数绘制柱状图。

```python
import matplotlib.pyplot as plt
import numpy as np
# 设置显示中文字体
plt.rcParams['font.sans-serif'] = [u'FangSong']
# 设置正常显示符号
plt.rcParams['axes.unicode_minus'] = False
# 创建一个包含0~6的一维数组
x_data = np.arange(7)
# 随机创建1个2行7列的数组,将其行数据分别赋值给y1,y2
y1, y2=np.random.randint(1, 41, size=(2, 7))
width = 0.3          # 条形的宽度
ax = plt.subplot(1, 1, 1)      # 创建一个子图
ax.bar(x_data, y1, width, color='r')      # 绘制红色的柱状图
ax.bar(x_data+width, y2, width, color='g')     # 绘制另一个绿色的柱状图
ax.set_xticks(x_data+width)          # 设置x轴的刻度
# 设置x轴的刻度标签
ax.set_xticklabels(['星期一','星期二','星期三','星期四','星期五',
              '星期六','星期日'])
plt.show()
```

在上述代码中,首先创建一个包含整数0~6的数组,将其作为x轴的数据。接着创建一个2行7列的二维数组,将其行数据分别赋值给y1和y2。然后在创建的子图上,调用bar()函数绘制了两个柱形图,其中,第一个柱形图的x、y轴使用的数据为x_data和y1,颜色为红色,第二个柱形图

的x、y轴使用的数据为x_data+width和y2，颜色为绿色，最后设置了x轴的刻度标签，并显示了画好的图形。

程序运行结果如图10-10所示。

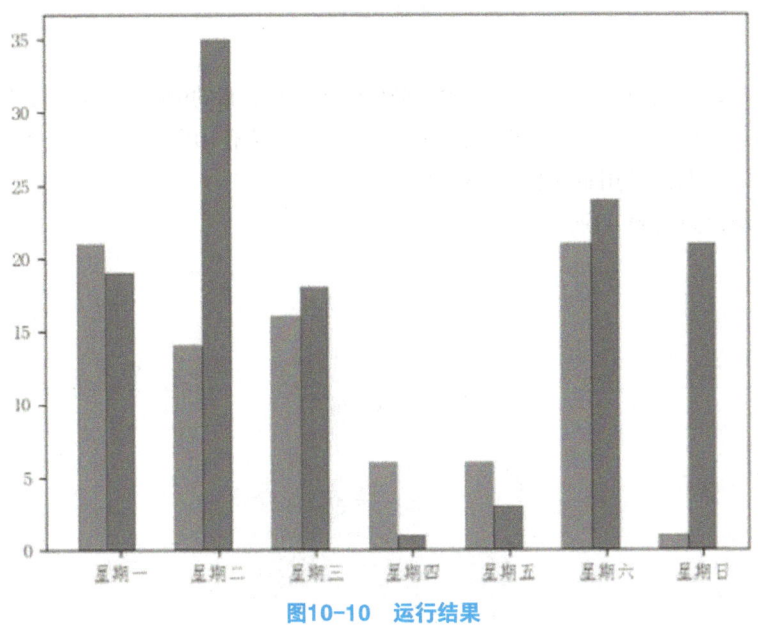

图10-10　运行结果

（2）绘制直方图

直方图，又称质量分布图，是一种统计报告图，由一系列高度不等的纵向条纹或线段表示数据分布的情况。一般用横轴表示数据类型，纵轴表示分布情况。

pyplot模块的hist()函数用于绘制直方图，其语法格式如下：

hist(x, bins=None, range=None, density=False, weights=None, cumulative=False, bottom=None, histtype='bar', align='mid', orientation='vertical', rwidth=None, log=False, color=None, label=None, stacked=False, *, data=None, **kwargs)

上述函数中常用参数表示的含义如下。

①x：输入值数据集，可以是单个数组也可以是一系列数组，一系列数组中的数组不要求长度相同。

②bins：表示绘制条柱的个数，可以是整数、序列、字符串，若给定一个整数，则返回"bins+1"个条柱，默认分成10个条柱。

③range：bins的上下范围（最大和最小值）。

④color：表示条柱的颜色，默认是None。

通过hist()函数绘制直方图的示例代码如下：

import matplotlib.pyplot as plt

```
import numpy as np
arry_random = np.random.randn(100)            # 创建一个随机数组
plt.hist(arry_random, bins=10, color='r', alpha=0.5)   # 绘制直方图
plt.show()                                     # 显示图形
```

上述代码中，首先创建了一个包含100个符合标准正态分布的随机数的数组，用作绘制图形的数据，接着调用hist()函数绘制一个直方图，这个直方图共有10个条柱，每个条柱的颜色为红色，透明度为0.5，最后调用show()函数显示图形。

程序运行结果如图10-11所示。

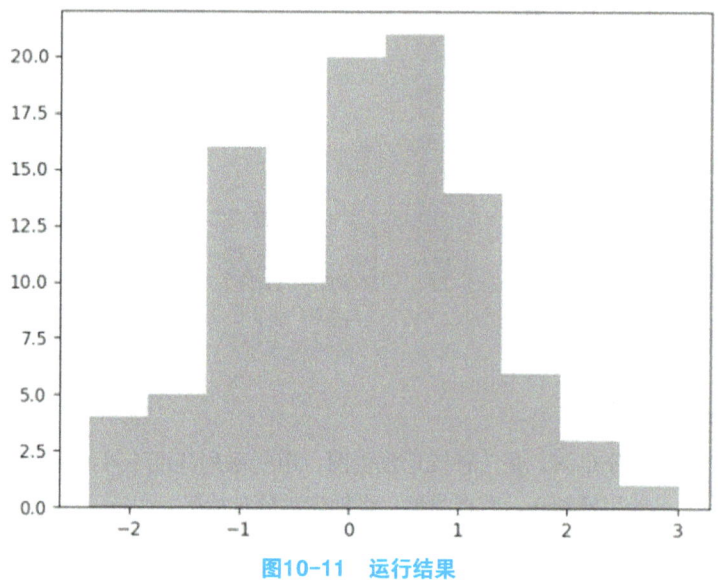

图10-11　运行结果

（3）绘制饼状图

饼状图显示一个数据系列中各项的大小与各项总和的比例。饼状图中的数据点显示为整个饼状图的百分比。

pyplot模块的pie()函数用于绘制直方图，其语法格式如下：

pie(x, explode=None, labels=None, colors=None, autopct=None, pctdistance=0.6, shadow=False, labeldistance=1.1, startangle=0, radius=1, counterclock=True, wedgeprops=None, textprops=None, center=0, 0, frame=False, rotatelabels=False, *, normalize=None, data=None)

上述函数中常用参数表示的含义如下。

①x：浮点型数组或列表，用于绘制饼图的数据，表示每个扇形的面积。
②explode：数组，表示各个扇形之间的间隔，默认值为0。
③labels：列表，各个扇形的标签，默认值为 None。
④colors：数组，表示各个扇形的颜色，默认值为 None。

⑤autopct：设置饼图内各个扇形百分比显示格式，%d%% 整数百分比，%0.1f 一位小数，%0.1f%% 一位小数百分比，%0.2f%% 两位小数百分比。

⑥shadow：布尔值 True 或 False，设置饼图的阴影，默认为 False，不设置阴影。

⑦radius：设置饼图的半径，默认为 1。

⑧startangle：用于指定饼图的起始角度，默认为从 x 轴正方向逆时针画起，如设定 =90 则从 y 轴正方向画起。

⑨center：浮点类型的列表，用于指定饼图的中心位置，默认值：(0,0)。

⑩data：用于指定数据。如果设置了 data 参数，则可以直接使用数据框中的列作为 x、labels 等参数的值，无需再次传递。

通过pie()函数绘制饼状图的示例代码如下：

```
import matplotlib.pyplot as plt
import numpy as np
data_arr = np.array([20, 15, 5, 25, 35])    # 创建一个数组
labels = ['A', 'B', 'C', 'D', 'E']           # 各个扇形的标签
explode = (0, 0, 0.1, 0, 0)                  # 突出显示第三个扇形
shadow = True                                 # 设置饼图的阴影
autopct = '%1.1f%%'                           # 一位小数
# 画饼状图
plt.pie(data_arr, explode=explode, labels=labels,shadow=shadow,
        autopct=autopct, startangle=15)
plt.show()                                    # 显示图形
```

上述代码中，首先创建了一个数组，用作绘制图形的数据，接着设置一些hist()函数的参数，并调用hist()函数绘制一个直方图，这个饼状图共有5块饼，最后调用show()函数显示图形。

程序运行结果如图10-12所示。

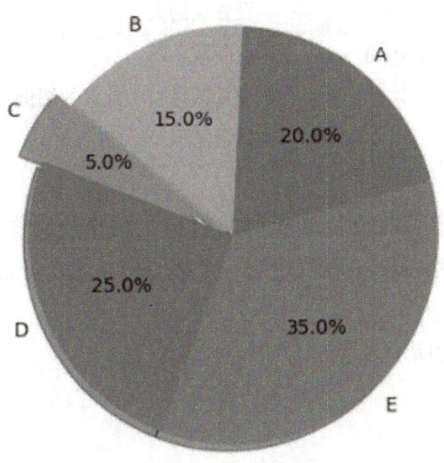

图10-12　运行结果

（4）绘制散点图

散点图是指在回归分析中，数据点在直角坐标系平面上的分布图，散点图表示因变量随自变量而变化的大致趋势，考察坐标点的分布，判断两变量之间是否存在某种关联或总结坐标点的分布模式。

pyplot模块的scatter()函数用于绘制直方图，其语法格式如下：

scatter(x, y, s=None, c=None, marker=None, cmap=None, norm=None, vmin=None, vmax=None, alpha=None, linewidths=None, *, edgecolors=None, plotnonfinite=False, data=None, **kwargs)

上述函数中常用参数表示的含义如下。

① x,y：长度相同的数组，也就是我们即将绘制散点图的数据点，输入数据。
② s：点的大小，默认 20，也可以是个数组，数组每个元素为对应点的大小。
③ c：点的颜色，默认蓝色 'b'，也可以是个 RGB 或 RGBA 二维行数组。
④ marker：点的样式，默认小圆圈 'o'。
⑤ alpha：透明度设置，0～1 之间，默认 None，即不透明。
⑥ edgecolors：颜色或颜色序列，默认为 'face'，可选值有 'face', 'none', None。

通过scatter()函数绘制散点图的示例代码如下：

```
import matplotlib.pyplot as plt
import numpy as np
# 设置随机数生成器的种子
np.random.seed(2)
N = 50                                          # 设置随机数个数
x = np.random.rand(N)
y = np.random.rand(N)
colors = np.random.rand(N)
area = (30 * np.random.rand(N))**2              # 设置点的大小
plt.scatter(x, y, s=area, c=colors, alpha=0.8)  # 绘制散点图
plt.colorbar()                                  # 设置颜色表示数据的图例
plt.show()                                      # 显示图形
```

上述代码中，首先创建了两个长度相同的数组，用作绘制图形的数据，接着设置一些scatter()函数的参数，并调用scatter()函数绘制一个散点图，这个散点图共有50个点，最后调用show()函数显示图形。

程序运行结果如图10-13所示。

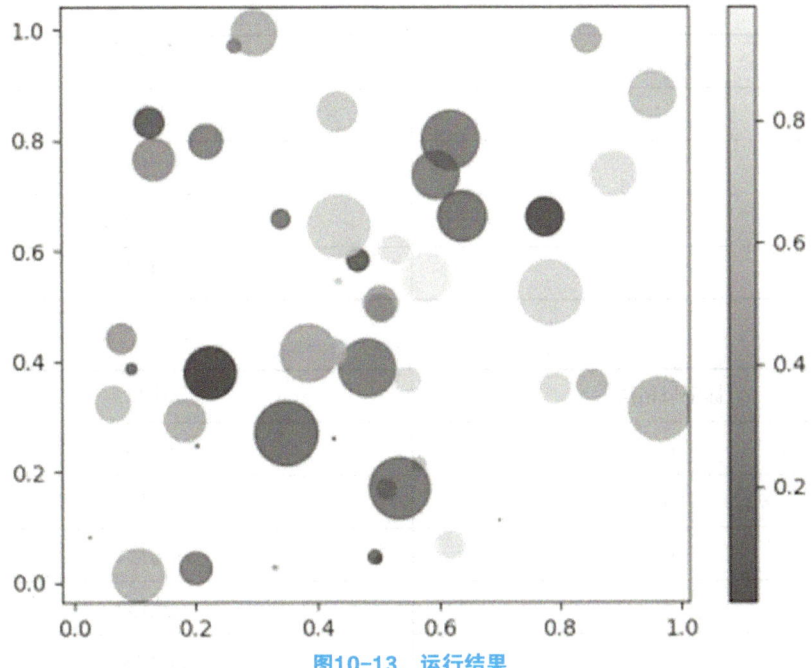

图10-13 运行结果

上面通过4个示例介绍了如何使用函数绘制柱状图、直方图、饼状图和散点图,除此之外,绘制其他图形时的过程也是类似的。在使用绘制图表的函数画图时,可以设定线条颜色、线型和标记风格等相关参数,其中,线条颜色使用color参数控制,线型使用linestyle参数控制,而标记风格使用marker参数控制。下面来看一下每个参数所支持的取值。

color参数支持表10-1所列举的颜色值。linestyle参数的取值与含义如表10-2所示。marker参数的取值与意义如表10-3所示。

表10-1 color参数支持的颜色值

颜色值	说明
b(blue)	蓝色
g(green)	绿色
r(red)	红色
c(cyan)	青色
m(mageenta)	品红
y(yellow)	黄色
k(black)	黑色
w(white)	白色

表10-2　linestyle参数支持的样式值

线型值	说明
'-'	实线
'--'	长虚线
'-,'	短点相同线
':'	短虚线

表10-3　marker参数支持的标记值

标记风格值	说明
'o'	实心圆圈
'D'	菱形
'h'	六边形1
'H'	六边形2
'8'	八边形
'p'	五边形
'+'	加号
'.'	点
's'	正方形
'*'	星型
'v'	倒三角形
'^'	正三角形
'>'	一个朝右的三角形
'<'	一个朝左的三角形

10.2.7　本地保存图形

要想将当前生成的图表保存到本地，可以调用savefig()函数进行保存。savefig()函数的语法格式如下：

savefig(fname, dpi=None, facecolor='w', edgecolor='w', orientation='portrait', papertype=None, format=None, transparent=False, bbox_inches=None, pad_inches=0.1, frameon=None, metadata=None)

上述函数部分参数的含义如下。

①fname：（字符串或者仿路径或仿文件）如果格式已经设置，这将决定输出的格式并将文

件按fname来保存。如果格式没有设置，在fname有扩展名的情况下推断按此保存，没有扩展名将按照默认格式存储为"png"格式，并将适当的扩展名添加在fname后面。

②facecolor（颜色或"auto"，默认值是"auto"）：图形表面颜色。如果是"auto"，使用当前图形的表面颜色。

③edgecolor（颜色或"auto"，默认值是"auto"）：图形边缘颜色。如果是"auto"，使用当前图形的边缘颜色。

④format（字符串）：文件格式，比如"png""pdf""svg"等，未设置的行为将被记录在fname中。

下面通过一个具体的示例来演示如何使用savefig()函数来保存生成的图形。

```
import matplotlib.pyplot as plt
import numpy as np
# 创建包含100个随机数的数组
random_arr = np.random.randn(100)
# 使用随机数组的数据绘制线形图
plt.plot(random_arr)
# 使用savefig()函数将图片保存到本地指定的目录下
plt.savefig(r'D:\数据分析\demo.png', facecolor='b', edgecolor='r')
plt.show()                # 显示图形
```

上述代码中，首先创建了包含100个随机数的数组，作为画图的数据，然后使用plot()函数绘制线形图，最后，使用savefig()函数将图形保存到"D:\数据分析"目录下（savefig()函数一定要写在show()函数前），并使用show()函数在本机上显示图形。

程序运行的结果如图10-14所示。

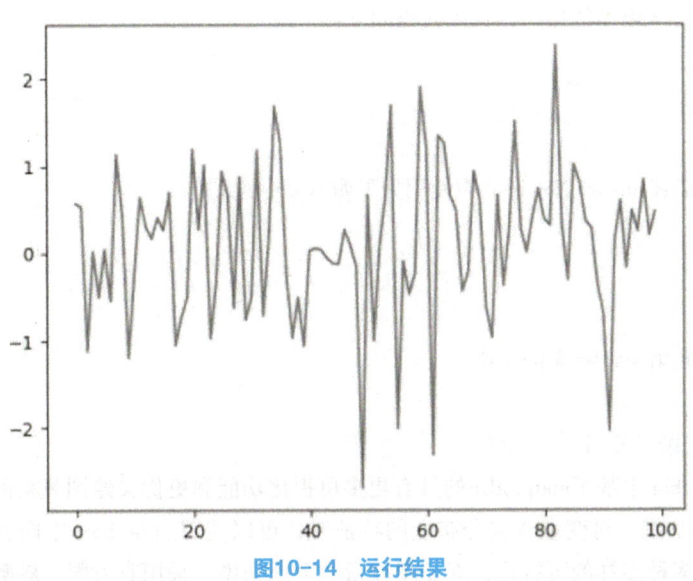

图10-14　运行结果

在"D:\数据分析"目录下,找到保存的demo.png文件,打开后如图10-15所示。

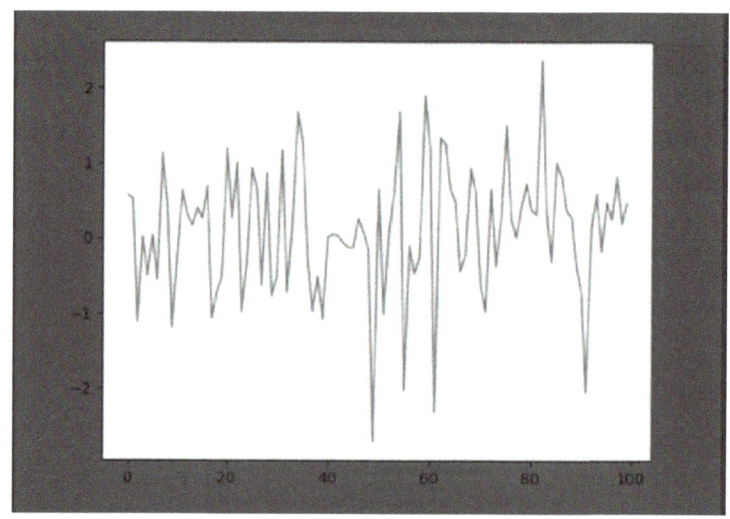

图10-15 保存的图片

10.3 使用seaborn绘制统计图形

Seaborn 是基于 Python 且非常受欢迎的图形可视化库,它让我们不用像使用Matplotlib那样,在上千个函数中找到我们需要的函数,还要配置很多参数,它在 Matplotlib 的基础上,进行了更高级的封装,使得作图更加方便快捷,Seaborn的漂亮主要体现在配色更加舒服,以及图形元素的样式更加细腻。即便是没有什么基础的人,也能通过极简的代码,做出具有分析价值而又十分美观的图形。

同样,使用Seaborn绘制图表之前,需要在Terminal中使用"pip install seaborn"命令安装Seaborn库,然后导入绘图的接口,具体代码如下:

import seaborn as sns

另外,也可以在Jupyter Notebook中使用如下魔术命令绘图:

%matplotlib inline

下面,我们介绍Seaborn库的使用。

10.3.1 可视化数据的分布

Seaborn是Python中基于matplotlib的具有更多可视化功能和更优美绘图风格的绘图模块,当我们想要探索单个或一对变量数据分布上的特征时,可以使用到Seaborn中内置的若干函数对数据的分布进行多种多样的可视化,对于单变量的数据来说,采用直方图、频数图、密度图和条形图是个不错的选择；对于双变量来说，可以采用多面板图形展现，比如散点图、二位直方图、核密度估计图形等。下面就结合具体的示例介绍这些图形的绘制过程。

（1）绘制单变量分布

我们可以采用最简单的直方图描述单变量的分布情况。Seaborn中提供了distplot()函数，它默认绘制的是一个带有核密度估计曲线的直方图。distplot()函数的语法格式如下：

distplot(a, bins=None, kind='hist', kde=True, rug=False, fit=None, hist_kws=None, kde_kws=None, rug_kws=None, fit_kws=None, color=None, vertical=False, norm_hist=False, axlabel=None, label=None, ax=None)

上述函数中参数的含义如下。

①a：指定绘图数据，可以是序列、一维数组或列表。
②bins：指定直方图条形的个数。
③kind：指定绘制出不同样式的分布图，默认为直方图hist。
④kde：bool类型的参数，是否绘制核密度图，默认为False。
⑤rug：bool类型的参数，是否绘制盒须图（如果数据比较密集，该参数比较有用），默认为False。
⑥fit：指定一个随机分布对象（需调用scipy模块中的随机分布函数），用于绘制随机分布的概率密度曲线。
⑦hist_kws：以字典形式传递直方图的其他修饰属性，如填充色、边框色、宽度等。
⑧kde_kws：以字典形式传递核密度图的其他修饰属性，如线的颜色、线的类型等。
⑨rug_kws：以字典形式传递盒须图的其他修饰属性，如线的颜色、线的宽度等。
⑩fit_kws：以字典形式传递概率密度曲线的其他修饰属性，如线条颜色、形状、宽度等。
⑪color：指定图形的颜色，除了随机分布曲线的颜色。
⑫vertical：bool类型的参数，是否将图形垂直显示，默认为True。（改为False即为horizontal）
⑬norm_hist：bool类型的参数，是否将频数更改为频率，默认为False。
⑭axlabel：用于显示轴标签。
⑮label：指定图形的图例，需结合plt.legend()一起使用。
⑯ax：指定子图的位置。

通过distplot()函数绘制直方图的示例代码如下：

```
import seaborn as sns
import matplotlib.pyplot as plt
import numpy as np
sns.set()                                    # 显示调用set()获取默认绘图
np.random.seed(2)                            # 确定随机数生成器的种子
data = np.random.randn(100)                  # 生成随机数组，作为绘图数据
ax = sns.displot(data, bins=10, kde=True)    # 绘制直方图
```

plt.show()

上述示例代码中,首先使用seaborn调用set()函数获取默认绘图,并且调用random模块的seed()函数确定随机数生成器的种子,保证每次产生的随机数都是一样的,接着调用random()函数生成包含100个随机数的数组,然后调用distplot()函数绘制直方图,最后调用show()函数让图形在本机上显示。

程序运行结果如图10-16所示。

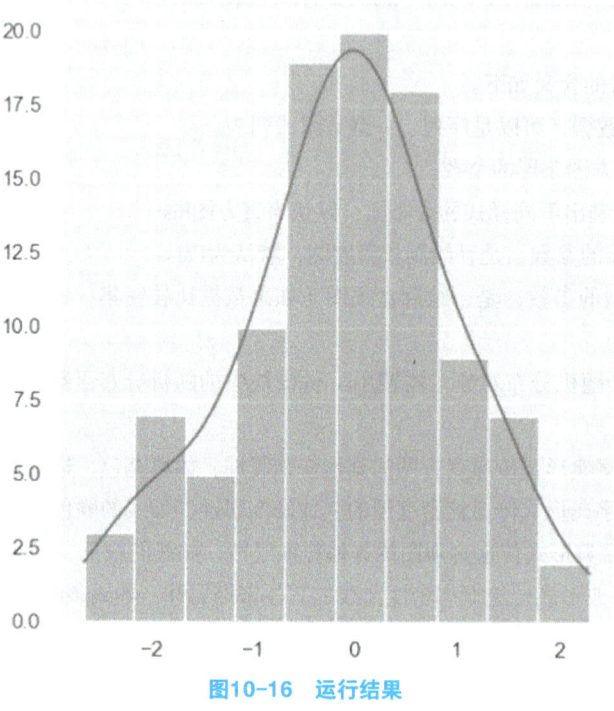

图10-16 运行结果

从图10-16可以看出,直方图共有10个条柱,每个条柱的颜色为默认的蓝色,并且设置显示了核密度估计曲线。根据条柱的高度可以统计出,位于-1~1区间的随机数值偏多,大于2的随机数值偏少。

通常情况下,采用直方图可以比较直观地展现样本数据的分布情况,然而,直方图也是存在一些问题的,它的效果会随条柱数量的不同而发生很大变化。为解决上述问题,可以通过绘制密度图估计曲线进行展现。

密度图是在概率论中用来估计未知的密度函数,属于非参数验证方法之一,可以比较直观地看出数据样本本身的分布特征。

通过distplot()函数绘制密度图的示例代码如下:

```
import seaborn as sns
import matplotlib.pyplot as plt
import numpy as np
```

```
np.random.seed(0)           # 设置随机数种子
# 创建包含500个位于0到100之间的随机整数数组
arr_random = np.random.randint(0, 100, 500)
# 绘制密度图
sns.displot(arr_random, kind='kde', rug=True)
plt.show()
```

上述示例代码中,首先通过np.random.randint()函数生成一个包含500个0到100之间的随机整数的数组,然后调用distplot()函数绘制密度图。

程序运行结果如图10-17所示。

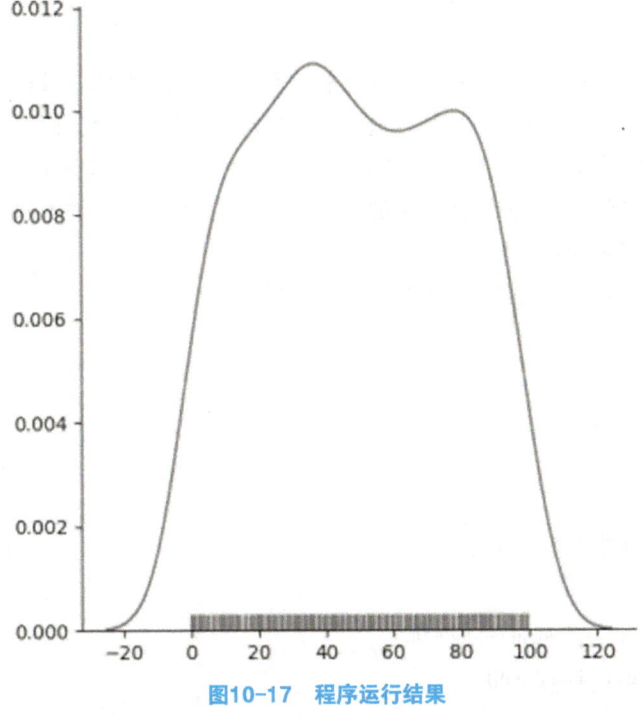

图10-17　程序运行结果

从图10-17可以看出,图表中有一条核密度估计曲线,并且在x轴的上方生成了观测数据的小细条。

(2)绘制双变量分布

双变量的二元分布可视化也很有用。在Seaborn中最简单的方法是使用jointplot()函数,该函数可以创建一个多面板图形,比如散点图、二维直方图、核密度估计等,以显示两个变量之间的双变量关系及每个变量在单独坐标轴上的单变量分布。

jointplot()函数的语法格式如下:

```
jopintplot(x, y, data=None, kind='scatter',stat_func=<function pearsonr>, color=None, size=6,ration=5,space=0.2,
       dropna=True, xlim=None, joint_kws=None,
```

marginal_kws=None, annot_kws=None, **kwargs)

上述函数中部分参数的含义如下。
①kind：表示绘制图形的类型。
②stat_func：用于计算有关关系的统计量并标注图。
③color：表示绘图元素的颜色。
④size：用于设置图的大小（正方形）。
⑤ratio：表示中心图与侧边图的比例。该参数的值越大，则中心图的占比会越大。
⑥space：用于设置中心图与侧边图的间隔大小。
⑦xlim，ylim：表示x、y轴的范围。
下面介绍如何使用Seaborn绘制散点图、二维直方图和核密度估计曲线。
①绘制散点图。

散点图是指在回归分析中，数据点在直角坐标系平面上的分布图，散点图表示因变量随自变量而变化的大致趋势，据此可以选择合适的函数对数据点进行拟合。用两组数据构成多个坐标点，考察坐标点的分布，判断两变量之间是否存在某种关联或总结坐标点的分布模式。散点图将序列显示为一组点。值由点在图表中的位置表示。类别由图表中的不同标记表示。散点图通常用于比较跨类别的聚合数据。

调用seaborn.jointplot()函数绘制散点图的示例代码如下：

```
import seaborn as sns
import matplotlib.pyplot as plt
import numpy as np
import pandas as pd
np.random.seed(0)         # 设置随机数种子
# 创建DataFrame对象
df_obj = pd.DataFrame({'x': np.random.randn(500),
            'y': np.random.randn(500)})
# 绘制散点图
sns.jointplot(x='x', y='y', data=df_obj)
plt.show()
```

上述代码中，首先创建一个包含500对随机数的DataFrame对象df_obj作为散点图的数据，这500对随机数分别作为x轴和y轴上的数据，然后调用jointplot()函数绘制一个散点图，散点图x轴的名称为"x"，y轴的名称为"y"。

程序运行结果如图10-18所示。

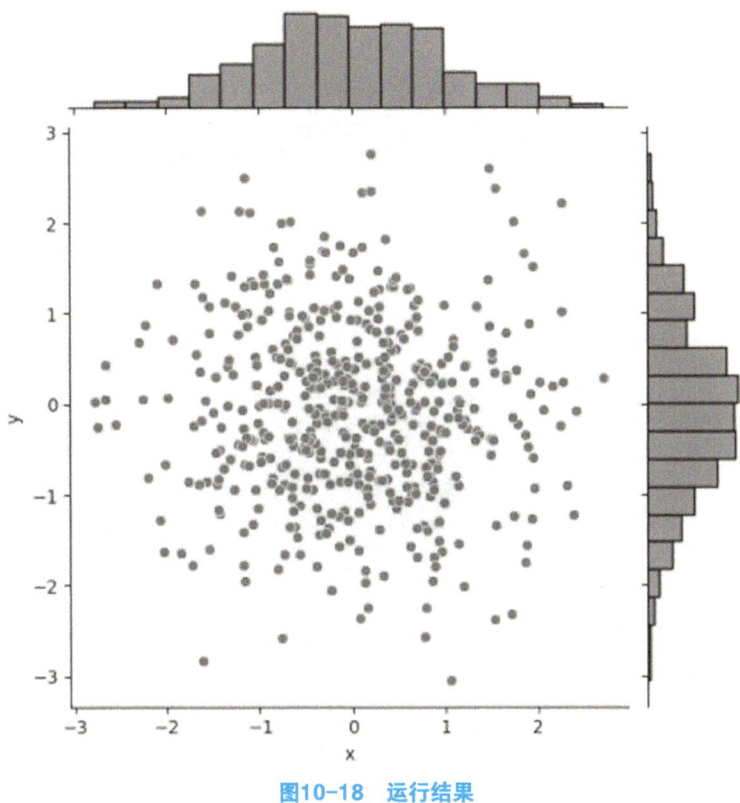

图10-18 运行结果

②绘制二维直方图。

二维直方图用于二维数据的统计分析，x-y轴变量均为数值型。首先将坐标平面分割为许多大小相等的六角形区间，并计算落在每个区间中的观察值数目，然后将观察值映射为矩形的填充色。当调用jointplot()函数时，只要传入kind="hex"，就可以绘制二维直方图。

调用jointplot()函数绘制二维直方图的示例代码如下：

```
import seaborn as sns
import matplotlib.pyplot as plt
import numpy as np
import pandas as pd
np.random.seed(0)          # 设置随机数种子
# 创建DataFrame对象
df_obj = pd.DataFrame({'x': np.random.randn(500),
                       'y': np.random.randn(500)})
# 绘制二维直方图
sns.jointplot(x='x', y='y', data=df_obj, kind='hex')
plt.show()
```

程序运行结果如图10-19所示。

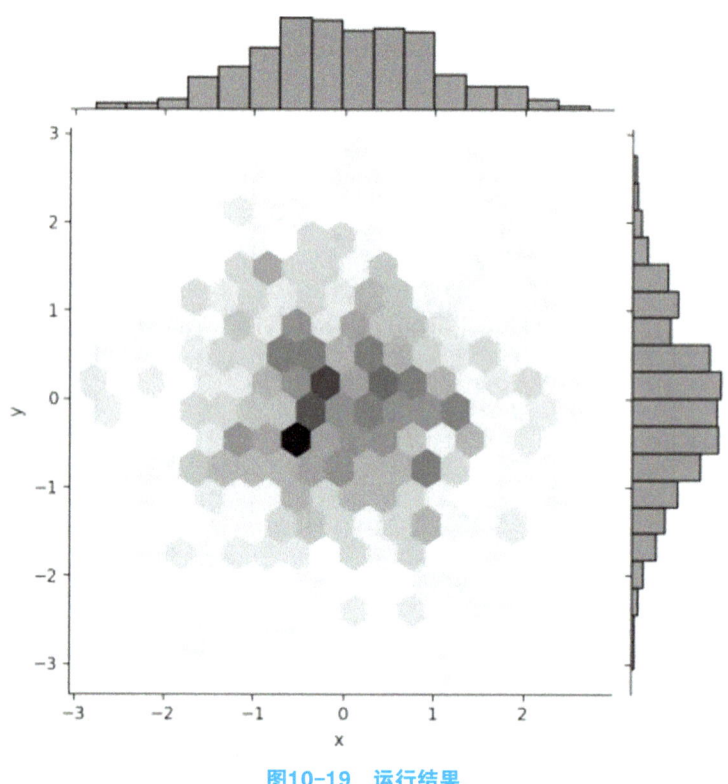

图10-19 运行结果

上述运行结果中，六边形颜色的深浅反映出数据的密集程度，另外，图形的上方和右侧仍然给出了直方图。注意，在绘制二维直方图时，最好使用白色背景。

③绘制核密度估计图。

核密度估计是概率论中用来估计未知的密度函数，属于非参数校验方法之一，通过核密度估计图可以比较直观地看出数据样本本身的分布特征。Seaborn中用等高线图来表示。当调用jointplot()函数时只要传入kind="kde"，就可以绘制核密度估计图，具体示例代码如下：

```
import seaborn as sns
import matplotlib.pyplot as plt
import numpy as np
import pandas as pd
np.random.seed(0)           # 设置随机数种子
# 创建DataFrame对象
df_obj = pd.DataFrame({'x': np.random.randn(500),
                       'y': np.random.randn(500)})
# 绘制核密度估计图
sns.jointplot(x='x', y='y', data=df_obj, kind='kde', shade=True)
```

plt.show()

程序运行结果如图10-20所示。

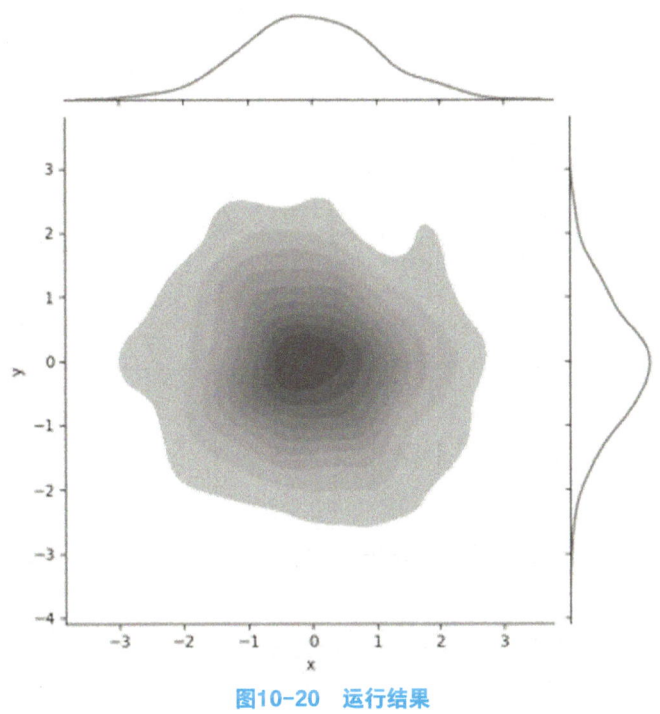

图10-20 运行结果

从运行结果可以看出,在绘制的核密度的等高线图的上方和右侧给出了核密度曲线图。通过观察等高线的颜色深浅,可以看出哪个范围的数值分布得最多,哪个范围的数值分布得最少。

④绘制成对的双变量分布。

要想在数据集中绘制多个成对的双变量分布,则可以使用pairplot()函数实现,该函数会创建一个坐标轴矩阵,并且显示Datafram对象中每对变量的关系。另外,pairplot()函数也可以绘制每个变量在对角轴上的单变量分布。

接下来,演示如何使用sns.pairplot()函数绘制数据集变量间关系的图形,示例代码如下:

```
import seaborn as sns
import matplotlib.pyplot as plt
# 加载seaborn中内置的数据集
dataset = sns.load_dataset('tips')
# 绘制多个成对的双变量分布
sns.pairplot(dataset)
plt.show()
```

上述示例代码中,通过load_dataset()函数加载了seaborn中的内置数据集(在https://github.com/mwaskom/seaborn-data中可以查看seaborn内置的所有数据集),这里是加载的tips数据集,tips数据集的样式如图10-21所示。

	total_bill	tip	sex	smoker	day	time	size
1							
2	16.99	1.01	Female	No	Sun	Dinner	2
3	10.34	1.66	Male	No	Sun	Dinner	3
4	21.01	3.5	Male	No	Sun	Dinner	3
5	23.68	3.31	Male	No	Sun	Dinner	2
6	24.59	3.61	Female	No	Sun	Dinner	4
7	25.29	4.71	Male	No	Sun	Dinner	4
8	8.77	2	Male	No	Sun	Dinner	2
9	26.88	3.12	Male	No	Sun	Dinner	4
10	15.04	1.96	Male	No	Sun	Dinner	2

图10-21　tips数据集的部分数据

上述程序中,根据tips数据集绘制多个双变量的分布。程序运行结果如图10-22所示。

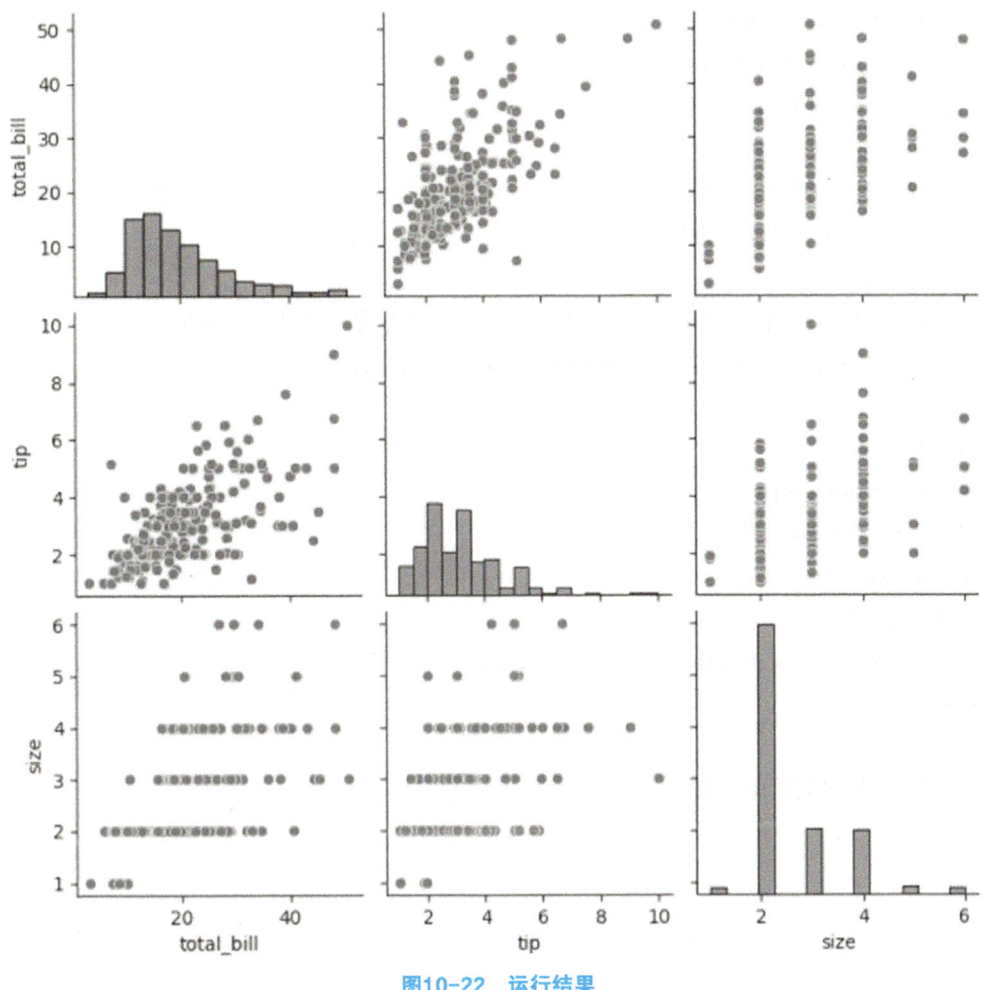

图10-22 运行结果

10.3.2 用分类数据绘图

数据集中的数据类型有很多种,除了连续的特征变量之外,最常见的就是类别型的数据了,比如人的性别、学历、爱好等,这些数据类型都不能用连续的变量来表示,而是用分类的数据来表示。

Seaborn针对分类数据提供了专门的可视化函数,这些函数大致可以分为如下三种。

- 分类数据散点图: swarmplot()与stripplot()。
- 分类数据的分布图: boxplot()与violinplot()。
- 分类数据的统计估算图:barplot()与pointplot()。

下面结合具体的示例对分类数据可绘制的图形进行简单介绍。

（1）类别散点图

通过stripplot()函数可以画一个散点图,stripplot()函数的语法格式如下:

```
stripplot(x=None, y=None, hue=None, data=None, order=None, hue_order=None, jitter=False)
```

上述函数的参数含义如下。

①x：指定要绘制的数据的x轴变量。

②y：指定要绘制的数据的y轴变量。

③hue：指定要使用的颜色变量。

④data：指定要使用的数据集。如果x和y不存在，则它将作为宽格式，否则将作为长格式。

⑤order：指定分类变量的顺序。

⑥hue_order：指定颜色变量的顺序。

⑦jitter：表示散点图的各散点在回归模型中小幅度的分布，即抖动的程度。

下面通过stripplot()函数绘制一个散点图，具体示例代码如下：

```
import seaborn as sns
import matplotlib.pyplot as plt
# 加载seaborn中内置的数据集
dataset = sns.load_dataset('tips')
# 绘制类别散点图
sns.stripplot(x='day', y='total_bill', data=dataset, jitter=False)
plt.show()
```

程序运行结果如图10-23所示。

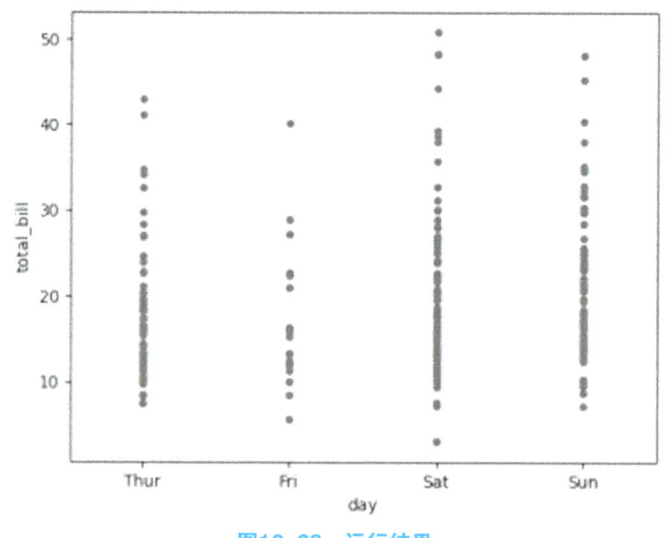

图10-23　运行结果

从图10-23中可以看出，图表中的横坐标是分类的数据，因为在stripplot()函数中给jitter传递了一个False参数，所以数据点没有抖动，处在一条直线上，这样造成一些数据点互相重叠，不易于观察。为解决这一问题可以不设置jitter参数，让它使用默认值Ture，修改后的代码为：

```
import seaborn as sns
```

```
import matplotlib.pyplot as plt
# 加载seaborn中内置的数据集
dataset = sns.load_dataset('tips')
# 绘制类别散点图
sns.stripplot(x='day', y='total_bill', data=dataset)
plt.show()
```

程序运行结果如图10-24所示。

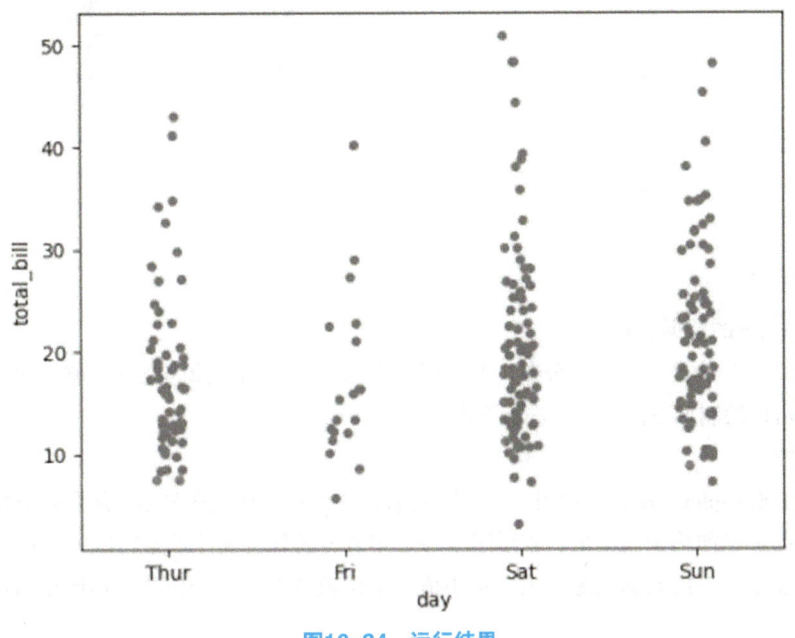

图10-24　运行结果

此外，还可以调用swarmplot()函数绘制散点图，使用该函数绘制的散点图的所有数据点都不会重叠，便于清晰地观察数据的分布情况，使用swarmplot()函数绘制散点图的示例代码如下：

```
import seaborn as sns
import matplotlib.pyplot as plt
# 加载seaborn中内置的数据集
dataset = sns.load_dataset('tips')
# 绘制类别散点图
sns.swarmplot(x='day', y='total_bill', data=dataset)
plt.show()
```

程序运行结果如图10-25所示。

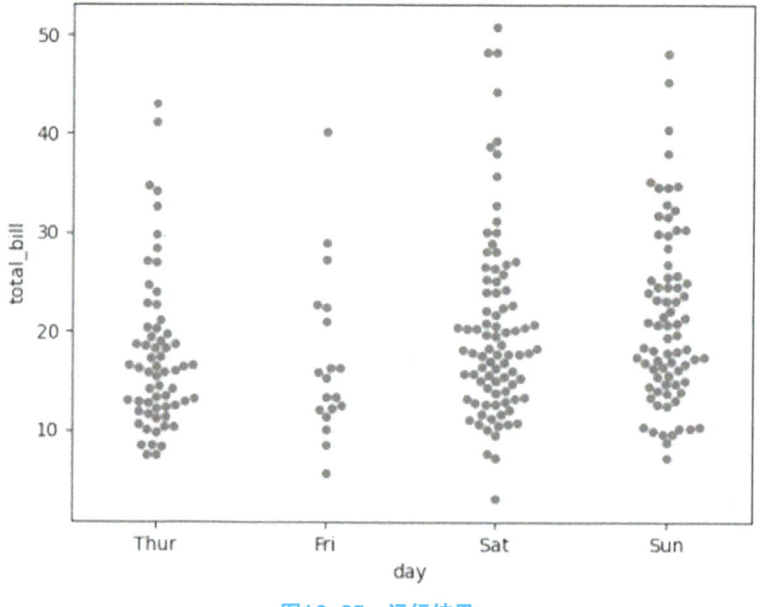

图10-25　运行结果

（2）类别中的数据分布

要想查看各个分类中的数据分布，散点图是不满足需求的，原因是它不够直观。针对这种情况，我们可以绘制如下两种图形进行查看。

①箱形图。

箱形图（Box-plot）称为盒须图、盒式图或箱线图，是一种用作显示一组数据分散情况资料的统计图。因形状如箱子而得名。箱形图于1977年由美国著名统计学家约翰·图基(John Tukey)发明。它能显示出一组数据的最大值、最小值、中位数及上下四分位数。箱形图的示意图如图10-26所示。

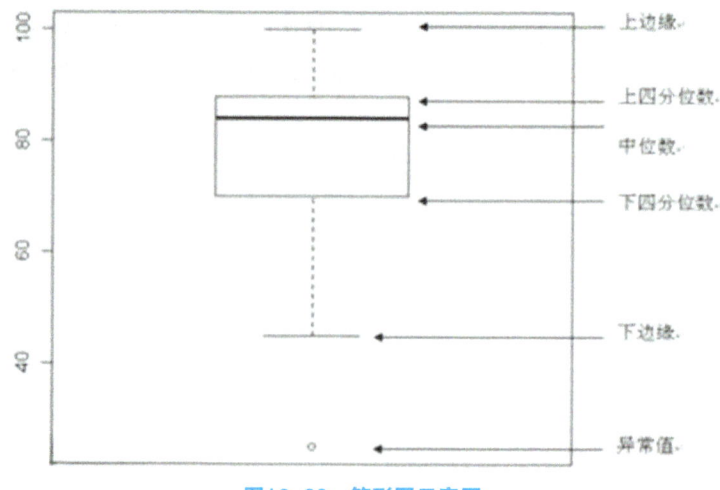

图10-26　箱形图示意图

②小提琴图。

小提琴图(Violin Plot)用于显示数据分布及其概率密度。这种图表结合了箱形图和密度图的特征，主要用来显示数据的分布形状。小提琴图的示意图如图10-27所示。

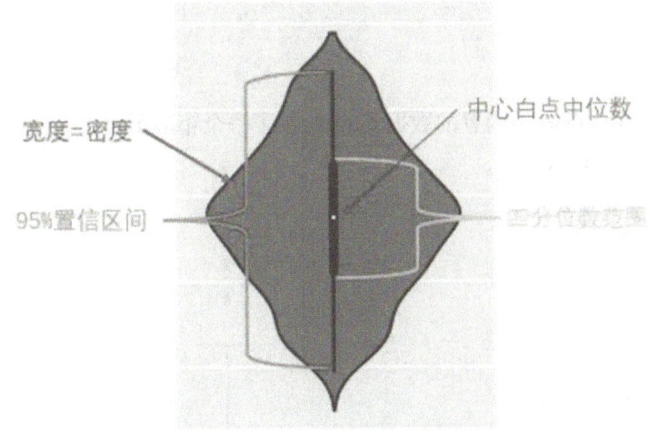

图10-27　小提琴图示意图

中间的黑色粗条表示四分位数范围，从其延伸的幼细黑线代表95％置信区间，而白点则为中位数。

下面，通过具体的示例来演示Seaborn库中箱形图和小提琴图的绘制过程。

Seaborn中用于绘制箱形图的函数为boxplot()，其语法格式为：

```
boxplot(data=None, *, x=None, y=None, hue=None, order=None,hue_order=None, orient=None, color=None, palette=None,saturation=0.75, width=0.8, dodge=True, fliersize=5,linewidth=None, whis=1.5, ax=None, **kwargs)
```

上述函数的常用参数含义如下。

x：指定要绘制的数据的x轴变量。

y：指定要绘制的数据的y轴变量。

hue：指定要使用的颜色变量。

data：指定要使用的数据集。

order：指定分类变量的顺序。

hue_order：指定颜色变量的顺序。

palette：指定要使用的调色板。Seaborn库提供了多种调色板，包括deep、muted、pastel、bright、dark和colorblind等，这些调色板具有不同的亮度和饱和度值。

saturation：指定颜色的饱和度。饱和度越高，颜色越鲜艳；饱和度越低，颜色越暗淡。

使用boxplot()函数绘制箱形图的示例代码如下：

```
import seaborn as sns
import matplotlib.pyplot as plt
# 加载seaborn中内置的数据集
```

```
dataset = sns.load_dataset('tips')
# 绘制箱形图
sns.boxplot(x='day', y='total_bill', data=dataset)
plt.show()
```

上述示例中，使用seaborn中内置的数据集tips绘制了一个箱形图。
程序运行结果如图10-28所示。

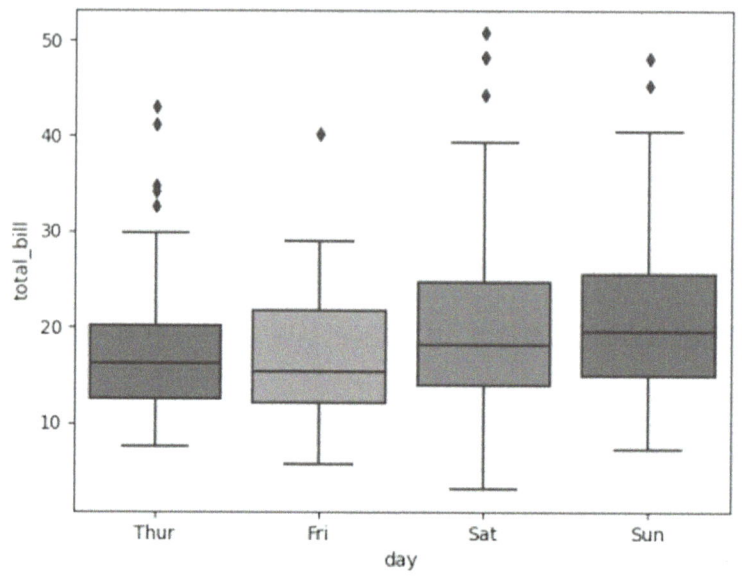

图10-28　运行结果

从图10-28可以看出，x轴的名称为day，其刻度范围是Thur~Sun（周四至周日），y轴的名称为total_bill，刻度范围为10~50。Thur列大部分数据都小于30，不过有5个大于30的异常值，Fri列大部分数据都小于30，只有1个异常值大于40，Sat列中有3个大于40的异常值，Sun列有2个大于40的异常值。

Seaborn中使用violinplot()函数绘制小提琴图，其语法格式如下：

```
violinplot(data=None, *, x=None, y=None, hue=None, order=None,hue_order=None, bw='scott', cut=2, scale='area',
scale_hue=True, gridsize=100, width=0.8, inner='box', split=False, dodge=True, orient=None, linewidth=None,
color=None, palette=None, saturation=0.75, ax=None, **kwargs)
```

上述函数中常用参数的含义如下。
x：指定要绘制的数据的x轴变量。
y：指定要绘制的数据的y轴变量。
hue：指定要使用的颜色变量。
data：指定要使用的数据集。

order:指定分类变量的顺序。

hue_order:指定颜色变量的顺序。

inner:控制小提琴图内部数据点的表示。若为box,则绘制一个微型箱形图;若为quartiles,则显示四分位数线;若为point或stick,则显示具体数据点或数据线;使用None则绘制不加修饰的小提琴图。

通过violinplot()函数绘制小提琴图的示例代码如下:

```
import seaborn as sns
import matplotlib.pyplot as plt
# 加载seaborn中内置的数据集
dataset = sns.load_dataset('tips')
# 绘制小提琴图
sns.violinplot(x='day', y='total_bill', data=dataset)
plt.show()
```

程序运行结果如图10-29所示。

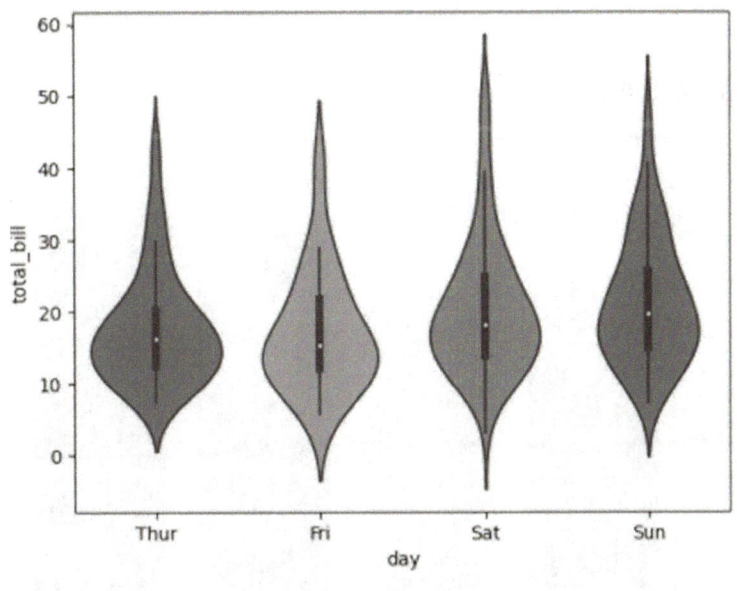

图10-29 运行结果

从图10-29中可以看出,Thur一列中位于5~25之间的数值较多,Fri一列中位于5~30之间的数值较多,Sat一列中位于5~35之间的数值较多,Sun一列中位于5~40之间的数值较多。

(3)类别内的统计估计

要想查看每个分类的集中趋势,则可以使用条形图和点图进行展示。Seaborn库中用于绘制这两种图表的具体函数如下:

- sns.barplot()函数:绘制条形图。

- sns.pointplot()函数：绘制点图。

这些函数的API与上面那些函数都是一样的，这里只讲解函数的应用，不再过多对函数的语法进行讲解。

①绘制条形图

最常用的查看集中趋势的图形就是条形图。默认情况下，barplot()函数会在整个数据集上使用均值进行估计。若每个类别中有多个类别时（使用了hue参数），则条形图可以使用引导来计算估计的置信区间（是指由样本统计量所构造的总体参数的估计区间），并使用误差条来表示置信区间。

使用barplot()函数绘制条形图的示例代码如下：

```
import seaborn as sns
import matplotlib.pyplot as plt
# 加载seaborn中内置的数据集
dataset = sns.load_dataset('tips')
# 绘制条形图
sns.barplot(x='day', y='total_bill', data=dataset)
plt.show()
```

程序运行结果如图10-30所示。

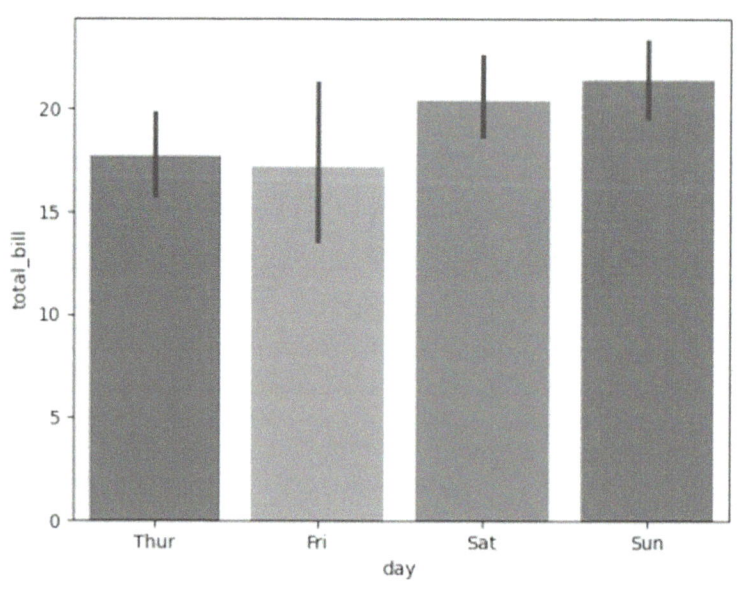

图10-30 运行结果

②绘制点图

点图是另外一种用于估计的图形，可以调用sns.pointplot()函数进行绘制，该函数会用高度估计值对数据进行描述，而不是显示完整的条形，它只会绘制点估计和置信区间。

通过pointplot()函数绘制点图的示例代码如下：

```
import seaborn as sns
import matplotlib.pyplot as plt
# 加载seaborn中内置的数据集
dataset = sns.load_dataset('tips')
# 绘制点图
sns.pointplot(x='day', y='total_bill', data=dataset)
plt.show()
```

程序运行结果如图10-31所示。

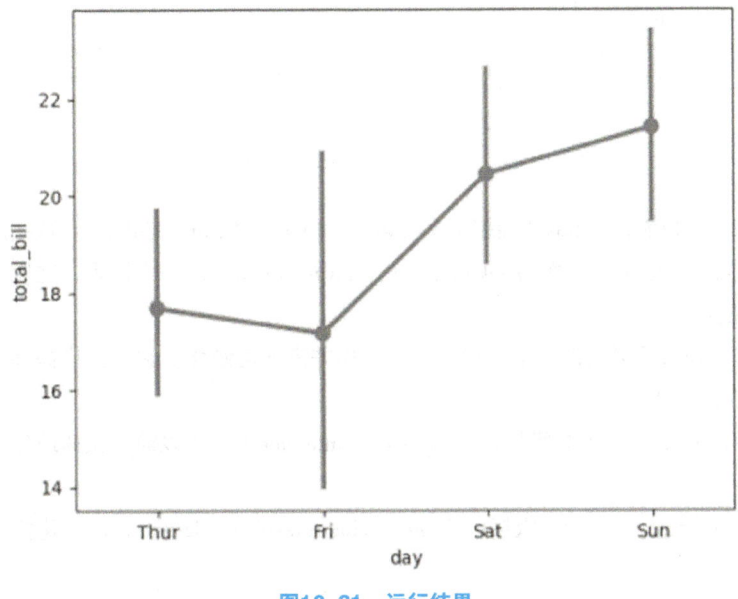

图10-31　运行结果

10.4　Bokeh——交互式可视化库

Bokeh是一款专门针对Web浏览器使用的交互式可视化库，这也是它与其他可视化库相比最核心的区别，本节将针对Bokeh库的基本应用进行详细介绍。

10.4.1　认识Bokeh库

Bokeh (Bokeh.js) 是一个 Python 交互式可视化库，支持现代化 Web 浏览器，提供非常完美的展示功能。Bokeh 的目标是使用 D3.js 样式提供优雅、简洁、新颖的图形化风格，同时提供大型数据集的高性能交互功能。Bokeh 可以快速地创建交互式的绘图、仪表盘和数据应用。下面通过一张示意图来说明Bokeh如何将数据展示到浏览器上面，具体如图10-32所示。

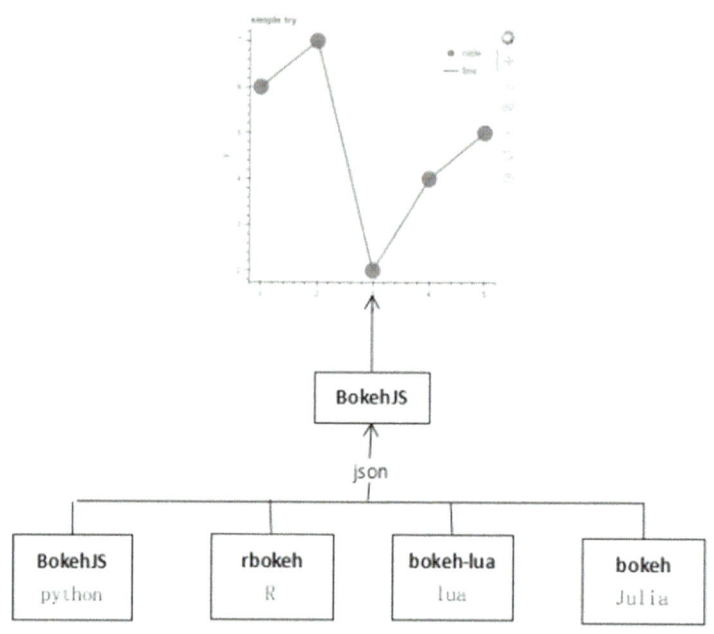

图10-32　Bokeh显示数据到浏览器的原理

从图10-32中可以看出，Bokeh捆绑了多种语言（Python, R, lua和Julia）。这些捆绑的语言产生了一个JSON文件，这个文件作为BokehJS（一个Javascript库）的一个输入，之后会将数据展示到现代Web浏览器上。

Bokeh提供了强大而灵活的功能，使其操作简单并高度定制化。它为用户提供了多个可视化界面，具体包含以下接口。

- 图表（Charts）：一个高级接口（high-level interface），用以简单快速地建立复杂的统计图表。
- 绘图（Plotting）：一个中级接口（intermediate-level interface），以构建各种视觉符号为核心。
- 模块（Models）：一个低级接口（low-level interface），为应用程序开发人员提供最大的灵活性。

在本节中以Plotting为例介绍Bokeh接口的使用。

10.4.2　安装Bokeh库

在Python中有多种安装Bokeh的方法，如已安装好numpy等，那么可以在命令行使用pip来安装。

```
pip install bokeh
```

10.4.3　通过Plotting绘制图形

Plotting是以构建视觉符号为核心的接口，可以结合各种视觉元素（点、圆、线等元素）和工具（缩放、保存、重置等工具）创建可视化图形。使用bokeh.plotting创建图表的基本步骤如下。

①导入Bokeh库中用到的一些函数或方法。

②准备数据，这些数据既可以是普通的Python列表，也可以是NumPy数组或Series对象。

③设置输出模式，一种是使用output_notebook()函数输出的Notebook文档，用在Jupyter Notebook（使用时需要先安装，然后启动）上；另一种是使用output_file()函数生成的HTML文档，在Web浏览器上显示。

④调用figure()创建一个具有典型默认选项的图形，并且可以轻松地定制标题、工具和坐标轴标签。

⑤添加渲染器。例如，使用line()函数操作数据，指定颜色、图例和宽度等可视化定制。

⑥显示或保存图表。通过调用save()或show()函数将画好的图形保存到HTML文件，或选择性地将其显示在浏览器中。

接下来，通过一个具体的示例演示如何使用bokeh.plotting绘制二维散点直线图，示例代码如下：

```
# 导入Bokeh库中的一些函数
from bokeh.plotting import figure, output_file, output_notebook, show
#这里建立了名为simple try，长400、高400的正方形画布
p=figure(title='simple try',x_axis_label='x',y_axis_label='y',width=400,height=400)
#散点图，直接传入x，y坐标的数据，然后定义标签、图形的大小
p.circle([1, 2, 3, 4, 5], [6, 7, 2, 4, 5],legend_label='cicle',size=20, color="navy", alpha=0.5)
x=[1, 2, 3, 4, 5]
y=[6, 7, 2, 4, 5]
#直线图，利用x=，y=来传入数据
p.line(x=x,y=y, line_width=2,legend_label='line',color="red")
# 输出显示在Jupyter Notebook上
output_notebook()
# 生成HTML文档
output_file('simple.html', title='simple try')
#在浏览器上显示图形，本地可以看到html的文件
show(p)
```

运行程序，可以在Jupyter Notebook上看到生成的文档，如图10-33所示。在本地生成的文档如图10-34所示。在默认浏览器上显示的图形，如图10-35所示。

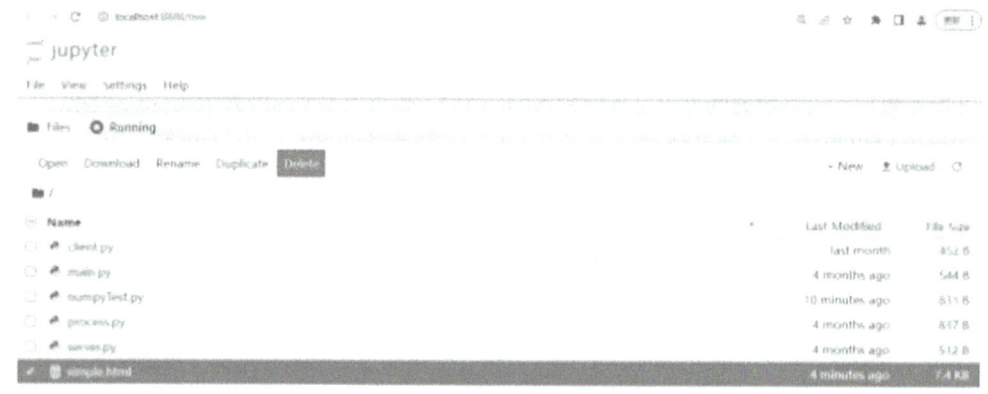

图10-33　Jupyter Notebook上生成的文档

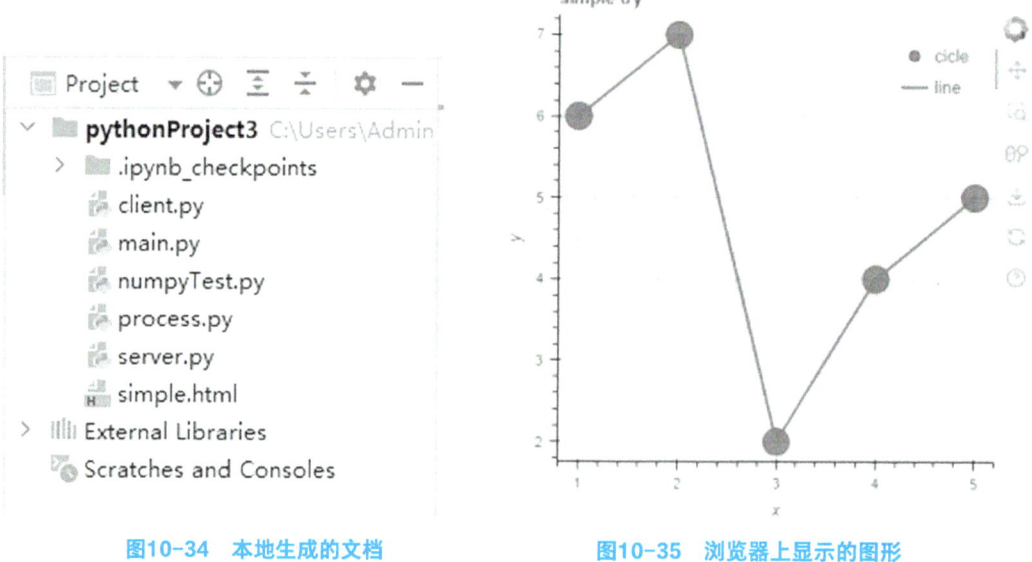

图10-34　本地生成的文档　　　　图10-35　浏览器上显示的图形

10.5　案例——画图分析链家网站上北京租房信息

随着经济社会的高速发展，北京的资源优势和广阔的就业市场，吸引了大量外来人口前来北京工作和生活，这些外来人口绝大多数是以租房的形式解决居住问题。

本小节案例将以链家网站上北京地区的租房数据作为参考，运用本章中所学习的Matplotlib知识，通过图表的形式展现租房数据。

10.5.1　案例需求

本案例主要以链家网站上北京地区的租房情况为例，结合本章中所学的图表工具，把采集到的数据绘制成图表来对数据进行辅助分析，包括以下几个图表。

①绘制每种朝向的平均租金分布的条形图。

②绘制各城区房屋平均租金的折线图。
③绘制平均租金前20名的街道房屋数量的柱状图及其平均租金分布折线图。
④绘制房屋户型前10名的占比情况饼状图。

10.5.2 数据准备

我们通过网址https://bj.lianjia.com/zufang/打开链家官网北京地区的租房信息，如图10-36所示。

图10-36 北京链家网租房首页

通过网络爬虫技术，爬取链家网站中北京租房前50页的信息（爬取结束时间2023年9月26日），具体包括所属区域、所属街道、小区名、面积、朝向、户型和价格。将爬取到的数据下载到本地，并保存在"bjzufang.csv"文件中，打开该文件后可以看到里面有很多条信息（本案例共365条），具体如图10-37所示。

	A	B	C	D	E	F	G
1	区域	所属街道	小区名	面积	朝向	户型	价格
2	东城	东花市	本家润园C区	46.60m²	北	1室0厅1卫	5800
3	东城	东直门	东直门外大街(东城	71.10m²	南	2室1厅1卫	8610
4	东城	安定门	西营房	56.00m²	东	1室1厅1卫	6150
5	东城	交道口	土儿胡同	69.88m²	南 北	2室1厅1卫	13125
6	东城	东四	朝内大街203号院	51.32m²	南 北	2室1厅1卫	7800
7	东城	安定门	花园胡同	38.75m²	东	1室1厅1卫	5600
8	东城	永定门	民主北街22号院	52.00m²	南	2室1厅1卫	5400
9	东城	天坛	天坛西里东区	56.67m²	南 北	3室1厅1卫	6300
10	东城	安定门	国祥胡同	44.83m²	南	2室1厅1卫	7200
11	东城	建国门内	小羊宜宾胡同	76.68m²	南 北	3室1厅1卫	11600
12	东城	灯市口	柏树胡同	71.90m²	南 北	3室1厅1卫	13600
13	东城	东直门	北官厅胡同	38.32m²	南	1室1厅1卫	6200
14	东城	交道口	张自忠路	43.46m²	南	1室1厅1卫	6800
15	东城	广渠门	水上华城	37.27m²	西	1室0厅1卫	5560
16	东城	广渠门	保利蔷薇	49.00m²	北	1室1厅1卫	4700

图10-37 北京地区租房数据

10.5.3 功能实现

首先使用read_csv()函数来读取"bjzufang.csv"文件中的数据，并将这些数据转换成DataFrame对象展示，具体代码如下：

```
import pandas as pd
# 使用read_csv()函数读取数据
file_path = open(r'D:\数据分析\bjzufang.csv')
df_data = pd.read_csv(file_path)
print(df_data)
```

程序运行结果如下：

```
    区域 所属街道      小区名      面积    朝向    户型     价格
0   东城  东花市   本家润园C区  46.60㎡    北  1室0厅1卫   5800
1   东城  东直门  东直门外大街(东城） 71.10㎡   南  2室1厅1卫   8610
2   东城  安定门     西营房  56.00㎡    东  1室1厅1卫   6150
3   东城  交道口    土儿胡同  69.88㎡  南北  2室1厅1卫  13125
4   东城   东四  朝内大街203号院 51.32㎡  南北  2室1厅1卫   7800
..  ..   ..      ...     ...   ...    ...    ...
360 房山   长阳    金隅糖  47.00㎡  南西  3房间1卫   2626
361 房山   长阳   绿地花都苑  87.64㎡  南北  2室1厅1卫   3600
362 房山   长阳 万科长阳天地5号院 80.00㎡   南  2室1厅1卫   4429
363 房山   良乡  北京华发中央公园 89.00㎡  南北  3室1厅1卫   3863
```

364 房山 长阳   康泽佳苑北区 88.06㎡ 南 西 北 3室1厅1卫   4900

[365 rows x 7 columns]

接下来，使用已经读取的数据实现案例需求中列出的需求。

（1）绘制每种朝向的平均租金分布的条形图

现实情况告诉我们，房屋的户型对房屋的租金是有一定影响的，下面通过绘制条形图的方式，展现户型对租金的影响。具体代码如下：

```
import pandas as pd
import matplotlib.pyplot as plt
# 设置显示中文字体
plt.rcParams['font.sans-serif'] = [u'FangSong']
# 设置正常显示符号
plt.rcParams['axes.unicode_minus'] = False
# 使用read_csv()函数读取数据
file_path = open(r'D:\数据分析\bjzufang.csv')
df_data = pd.read_csv(file_path)
print(df_data)
# 按照房屋户型进行分组
g = df_data.groupby('户型')
# 计算各户型的数量
df_orientation = g['户型'].count()
orientation = df_orientation.index.tolist()
# 计算各朝向的平均租金
df_orientation_rent = g['价格'].mean()
rent = df_orientation_rent.values.tolist()
# 绘制条形图
plt.barh(y=orientation, width=rent)
plt.ylabel('户型')
plt.xlabel('租金/元')
plt.title('各户型平均租金图', fontproperties='FangSong', fontsize =14)
plt.tight_layout(pad=2)
plt.show()
```

程序运行结果如图10-38所示。

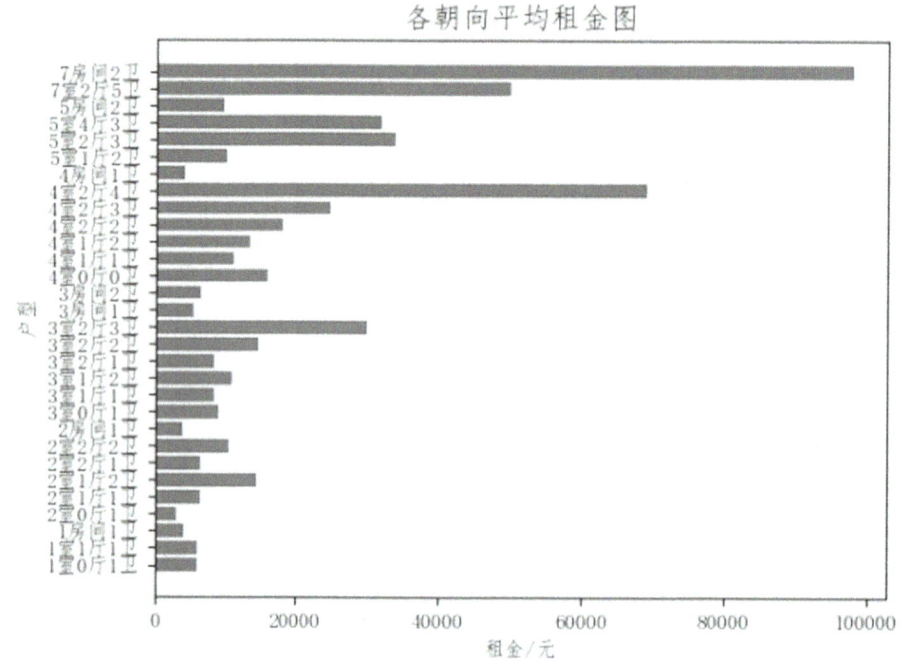

图10-38 运行结果

（2）绘制各城区房屋平均租金的折线图

一般来说，租金与城区所在的地理位置有着直接的关系，距离市中心越近，租金越高，距离市中心越远，租金越低。下面通过折线图来看一下各城区房屋平均租金的波动情况，具体代码如下：

```
#按照城区进行分组，统计租金的平均值
df_rent=df_data.groupby('区域')['价格'].mean()
#获取城区名
region=df_rent.index.tolist()
#获取各城区的平均租金
rent=df_rent.values.tolist()
#绘制各城区房屋租金折线图
plt.figure(figsize=(8, 6))
plt.plot(region,rent,color='r',marker='o',linestyle='--')
for x,y in zip(region,rent):
    plt.text(x,y,format(y,'.0f'),ha='center',fontsize=11)
#设置坐标轴标签文本
plt.ylabel('租金/元', fontproperties='FangSong')
plt.xlabel('城区', fontproperties='FangSong')
#设置图形标题
```

```
plt.title('各城区房屋平均租金折线图',fontproperties='FangSong',
fontsize=14)
# 设置横坐标字体倾斜角度
plt.xticks(rotation=15)# 显示图形
plt.show()
```

程序运行结果如图10-39所示。

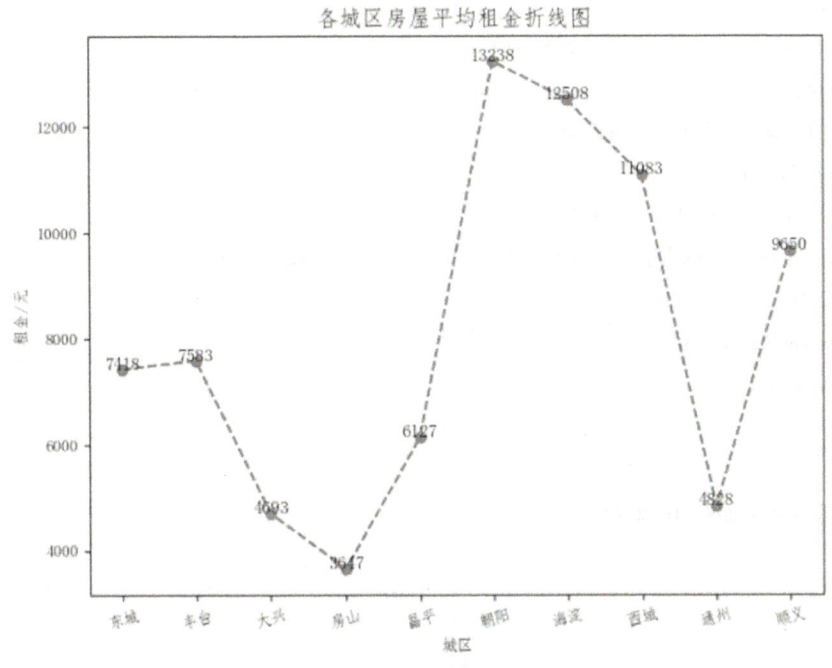

图10-39　运行结果

（3）绘制平均租金前20名的街道房屋数量的柱状图及其平均租金分布折线图

不同街道待租房屋的数量和平均租金也是不同的，可以通过绘制柱状图来直观显示平均租金前20名的街道房屋数量，同时绘制折线图来显示平均租金情况。具体代码如下：

```
# 按照街道进行分组
g=df_data.groupby('所属街道')
# 对街道按照平均租金进行升序排序，并取前 20 名
df_region=g['价格'].mean()
top_street_rent = df_region.sort_values(axis=0,ascending=False)[:20]
# 获取排名前 20 名的街道名称
region=top_street_rent .index.tolist ()
# 统计各个街道出租房屋数量
count=[g['所属街道'].count()[s] for s in region]
```

```
# 获取排名前20名的街道的平均租金
rent= top_street_rent.values.tolist()
#绘图
fig,axs=plt.subplots(1,1,figsize=(10,6))
axs.bar(region,height=count)
plt.ylabel("数量")
plt.xlabel("街道")
axsl=axs.twinx()
axsl.plot(region,rent,c='r',marker='o',linestyle='--')
for x,y in zip(region,count):
    axs.text(x,y,format(y,'.0f'), ha='center',fontsize=12)
for x,y in zip(region,rent):
    axsl.text(x,y,format(y,'.0f'), ha='center',fontsize=12)
axs.set_title('租金前20名的街道出租房屋数量及其租金分布图', fontsize= 14)
plt.ylabel("租金/元")
fig.autofmt_xdate(rotation=15)
plt.tight_layout(pad=1)
plt.show()
```

程序运行结果如图10-40所示。

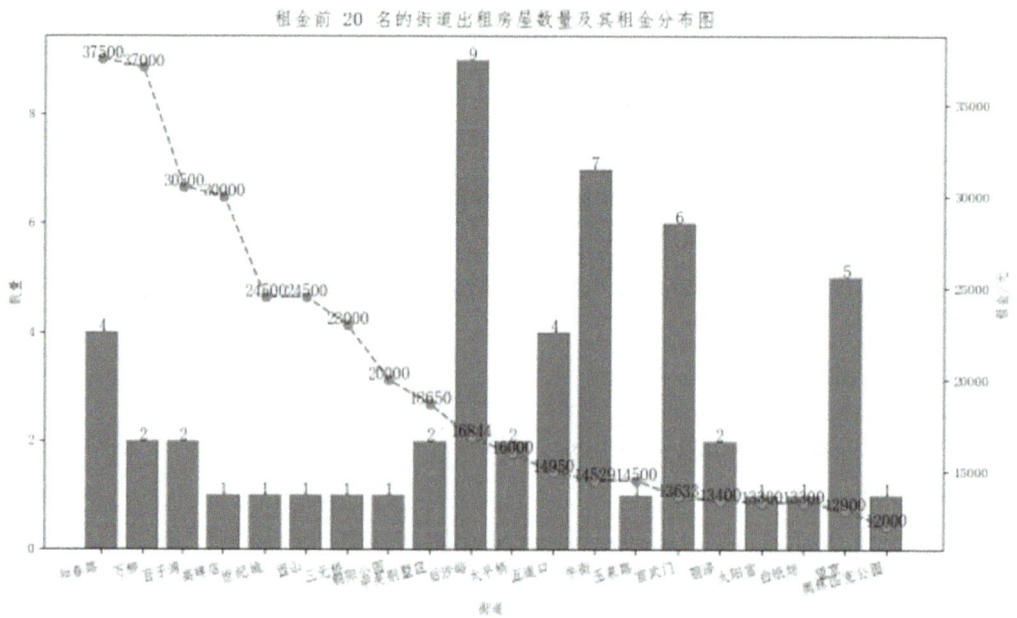

图10-40　运行结果

（4）绘制房屋户型前10名的占比情况饼状图

下面绘制饼状图，直观显示一下房屋户型前10名的占比情况，具体代码如下：

```
# 根据房屋户型分组
dfl = df_data.groupby('户型')
# 计算房屋户型数量，排序并取前 10 名
df_model = dfl['户型'].count().sort_values(axis=0,ascending=False)[:10]
model=df_model.index.tolist()
# 计算房屋数量
count=df_model.values.tolist()
# 绘制房屋户型占比饼图
plt.pie(count,labels=model,autopct='%1.2f%%')
# 设置图形标题
plt.title('房屋户型前 10 名的占比情况', fontproperties='FangSong', fontsize=14)
plt.show()
```

程序运行结果如图10-41所示。

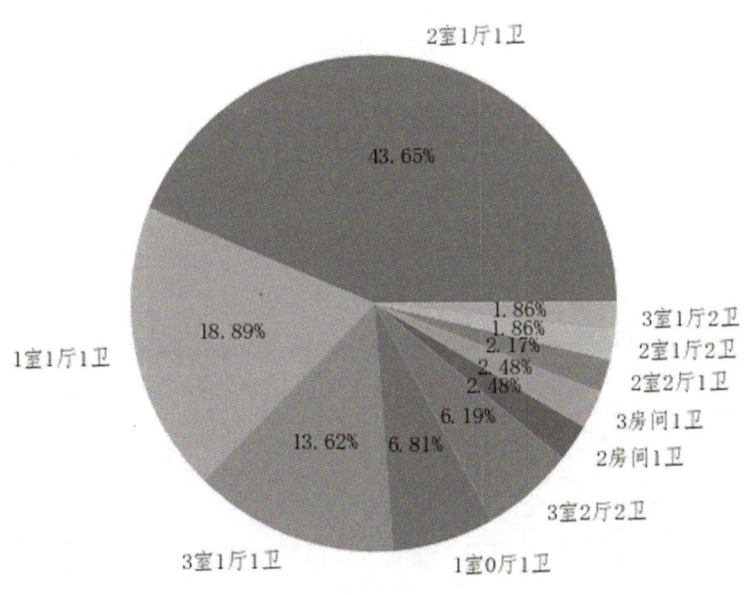

图10-41　运行结果

参考文献

[1]Python(计算机编程语言)_百度百科. https://baike.baidu.com/item/Python/407313? fr=ge_ala.
[2]Python组合数据类型. https://blog.csdn.net/weixin_74727063/article/details/135756431.
[3]Django框架的使用. https://blog.csdn.net/2203_75893174/article/details/135211244.
[4]XPath Helper插件使用. https://www.cnblogs.com/wuxunyan/p/17428286.html.
[5]网络爬虫之Scrapy框架. https://www.cnblogs.com/12345huangchun/p/10501673.html.
[6]黑马程序员.Python数据分析与应用[M].北京:中国铁道出版社有限公司,2022.